U0106369

幼兒365中文字典

新雅文化事業有限公司

www.sunya.com.hk

前言

　　《幼兒 365 中文字典》專為正在就讀幼稚園或即將升讀小學的小讀者而編寫，目的是利用簡明扼要的方法，教導幼兒快速認字、組詞和造句，真正懂得該字的意義和運用。

　　字典依據香港教育局編製的「香港小學學習字詞表」，從中挑選出 365 個兒童最常學習的單字，分為「人體篇」、「動物篇」、「自然篇」、「器用篇」，以及「其他」五大部分，然後再以部首分類，列出該部首的常用字。

　　字典展示了各部首由甲骨文→金文→篆書→隸書→楷書的演變過程，並具體解釋其字源，供家長作為趣味識字法向孩子講解中國文字的特點，引發孩子的學習興趣。

　　每個字都依據單字或例句配上有趣的插圖，並設有多項學習內容，包括：漢語拼音、英文單詞、筆順、簡體字、同義詞、反義詞、詞語、例句，讓孩子由字→詞→句，逐層深化認識該字。

　　「幼兒 365」，每日學一字，認字好容易！

使用說明

部首
依據部首分類
方便檢索查閱

拼音
收錄漢語拼音
學習正確發音
（組詞後多於
一個發音，會
同時列出來）

英文單詞
中英對照學習
打好英語基礎

目部

zhí

直

straight

筆順：
一 十 十 古 古 肖 直
直

簡體：直
同義：豎
反義：曲、橫
詞語：直線、直到、直接、直立
例句：妹妹在畫紙上畫了一條直線。

106

筆順
認識筆畫順序
學習正確寫法

簡體
認識簡體寫法
了解漢字變化

同義 / 反義
學習多元字義
全面認識漢字

例句
延伸字和詞語
實用造句示範

詞語
展示常用詞語
豐富孩子詞彙

目錄

人部

字形：像人側身站立時的樣子。（象形）

字源：最初，頭、手和足都會全部畫上，
漸漸把手、足的部分簡化來畫；
後來又簡化頭部，再將頸的部分
連着手臂來寫，於是變成了現在
一撇一捺「人」字的寫法。偏旁
可寫成「人」或「亻」。

rén

人

people

筆順：

人 人

簡體：人

詞語：人們、家人、行人、別人

例句：人們在街上慶祝新年的
來臨。

jīn

今

Today is Saturday.

today
（今天）

筆順：

ノ 人 仒 今

簡體：今

詞語：今天、今晚、今日

例句：今天是星期六。

tā

他

he

筆順：

他他仁他他

簡體：他

詞語：他們、其他、結他

例句：他們在球場上踢足球。

xiū

休

rest
（休息）

筆順：

休 休 亻 什 休 休

簡體：休

詞語：休息、休閒、退休

例句：我們休息一會再練習吧！

nǐ

你

you

筆順：

你 你 你 你 你 你 你

簡體：你

詞語：你們、迷你

例句：你們好嗎？

zhù

住

live

筆順：

ノ 亻 亻 什 仕 住 住

簡體：住

詞語：居住、記住、住址

例句：我在新界居住。

dī

低

low

筆順：

低 低 低 低 低 低 低

簡體：低

反義：高

詞語：低下、低頭、高低

例句：小芳在低頭看書。

xìn

envelope
（信封）

筆順：

信信信信信信信信信

簡體：信

詞語：信封、信箱、信心、
信任、相信

例句：這是一個信封。

gè

個

that
（那個）

筆順：

ノ 個 個 们 佀 佃 個 個 個 個

簡體：个

詞語：那個、個人、整個

例句：那個同學剛走進學校。

tíng

停

stop

筆順：

ノ 亻 亻 亻 广 停 停 停 停 停 停

簡體：停

詞語：停止、停留、不停

例句：這是一個表示停止進入的
標誌。

zuò

做

make

筆順：

做 做 亻 什 仕 估 估
做 做 做 做

簡體：做

詞語：做飯、做事、叫做

例句：媽媽在做飯。

jiàn

健

healthy
(健康的)

筆順：

ㄧ 亻 仁 仃 律 律 律
律 律 健 健

簡體：健

詞語：健康、健全、強健

例句：我的身體很健康。

jià / jiǎ

假

holiday
（假期）

筆順：

假 假 假 假 假 假 假
假 假 假 假

簡體：假

反義：真

詞語：暑假、假期、假冒、假如

例句：暑假我們一家去旅行。

sǎn

傘

umbrella

筆順：

ノ 人 仐 仐 仐 仐 仐
仐 仐 仐 傘 傘

簡體：伞

詞語：雨傘、傘子

例句：這把雨傘是媽媽的。

shāng

傷

injury
（受傷）

筆順：

傷 傷 傷 傷 傷 傷 傷
傷 傷 傷 傷 傷 傷

簡體：伤

詞語：受傷、傷口、傷風

例句：哥哥摔倒受傷了。

又 部

字形：像側看的手形。（象形）

字源：手部的活動，主要靠拇指、食指
和中指；側看手形，有時又可把
五指看成三指，所以，現在主要
寫出三指代替了五指：把兩指合
在一起「刁」，另一指變成往下
一撇「乀」了。本義為「右手」的
「右」，現假借為重複的意思。

chā

叉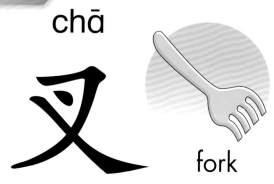

fork

筆順：

フ 又 叉

簡體：叉

詞語：叉子、叉燒、交叉

例句：弟弟懂得用叉子吃東西了。

yǒu

友

friend

筆順：

一 ナ 方 友

簡體：友

詞語：友誼、友情、朋友、親友

例句：我們要珍惜友誼。

fǎn

反

opposite
（相反的）

筆順：

反 反 厅 反

簡體：反

反義：正

詞語：相反、反對、反面

例句：他們離開學校，就向着
相反方向回家。

shū

叔

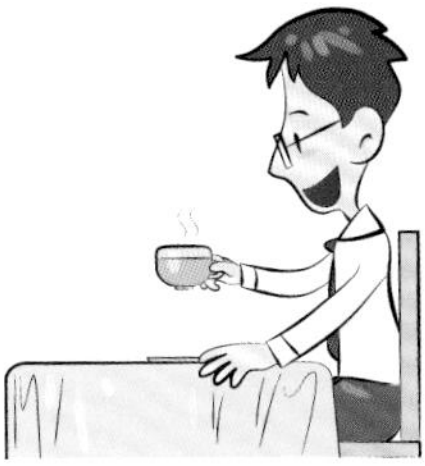

uncle

筆順：

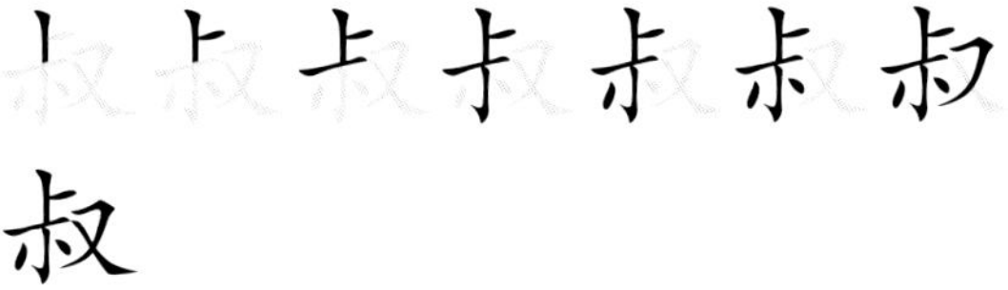

簡體：叔

詞語：叔父、叔叔

例句：叔父最喜歡喝咖啡。

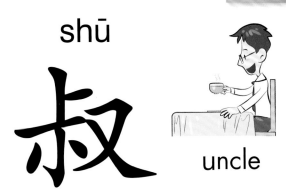

子部

早　𣎆　𣎆　子　子

字形：像襁褓中的小孩。（象形）

字源：襁褓中的小孩，不會走路，下
　　　身多用被巾裹着，露出的小手總
　　　是上下擺動，而小小的頭兒，看
　　　來就比較突出了。現在的寫法，
　　　把小手部分變成一平橫，反而看
　　　不出活潑的神氣來。偏旁可寫成
　　　「子」或「孑」。

zǐ

子

son

筆順：

乛 了 子

簡體：子

詞語：兒子、椅子、日子、猴子

例句：媽媽和兒子在散步。

xiào

孝

filial

筆順：

孝 孝 孝 孝 考 考 孝

簡體：孝

詞語：孝順、孝心、盡孝

例句：我們要孝順父母。

hái

孩

child

筆順：

了 了 孑 孑 孒 孩 孩 孩 孩
孩 孩

簡體：孩

詞語：孩子、小孩、嬰孩

例句：我要做個乖孩子。

xué

學

learn

筆順：

學 學 學 學 學 學 學
學 學 學 學 學 學 學
學 學

簡體：学

詞語：學習、學問、學校、
　　　同學、科學

例句：我們每天都在學習新知識。

女 部

出	中	中	女	女

字形：像古代婦女跪坐時的樣子。（象形）

字源：古時候，在椅子還沒有發明以前，人們坐在蓆上，習慣屈膝而坐。女子跪坐時，雙手交叉放在腹前，坐姿較男子畏羞得多。現在把交叉的部分寫在下面，把原來身體的部分寫成一橫放在上面。

nǚ

女

girl

筆順：

ㄑ 女 女

簡體：女

詞語：女兒、女子、兒女

例句：陳老師有一個可愛的女兒。

nǎi

奶

milk

筆順：

ㄑ 夕 夕 奶 奶

簡體：奶

詞語：牛奶、奶粉、奶奶

例句：我每天都會喝一杯牛奶。

hǎo

好

good

筆順：

ㄑ 好 好 好 好 好

簡體：好

反義：壞

詞語：很好、只好、好久、
　　　好處、好像

例句：今天的天氣很好。

jiě

姐

elder sister

筆順：

ㄑ 女 女 如 如 姐 姐 姐 姐

簡體：姐

同義：姊

詞語：姐妹、姐夫、表姐

例句：我們是兩姐妹。

mèi

妹

younger
sister

筆順：

亻 妹 女 妹 妹 妹 妹

妹

簡體：妹

詞語：兄妹、妹妹、妹夫

例句：他們兄妹倆在同一間學校
上學。

wá

娃

doll

筆順：

ㄑ ㄑ 女 女 女 女 女 女
娃 娃

簡體：娃

詞語：洋娃娃、娃娃、娃娃魚

例句：妹妹很喜歡玩洋娃娃。

pó

婆

grandmother

筆順：

婆 婆 婆 婆 沪 泞 波

波 波 婆 婆

簡體：婆

詞語：外婆、婆婆媽媽

例句：外婆與我一起煮晚飯。

mā

媽

mother

筆順：

ㄑ 馬 媽 妁 妁 妁 妁
妁 媽 媽 媽 媽 媽

簡體：妈

詞語：媽媽、姑媽

例句：媽媽到街市買菜。

 部

字形：像人的口形。（象形）

字源：張開的嘴，最初是半圓形，漸漸
　　　把圓形畫成了四方形，就變成今
　　　天「口」字的寫法。

kǒu

mouth

筆順：

ㄩ ㄇ 口

簡體：口

同義：嘴

詞語：口腔、口琴、口渴、
　　　門口、入口

例句：我們要保持口腔清潔。

jù

sentence

筆順：

勹 勹 勹 句 句

簡體：句

詞語：句子、句號、造句

例句：這句子有一個字寫錯了。

口部

jiào

叫

shout

筆順：

丨 丨 口 叫 叫

簡體：叫

同義：喊

詞語：呼叫、叫喚、叫喊、叫做

例句：小明在大聲呼叫。

47

yòu

right

筆順：

一　ナ　右　右　右

簡體：右

反義：左

詞語：右邊、右手、左右

例句：書桌的右邊是書櫃。

chī

吃

eat

筆順：

ㄖㄖ口ㄦ吃吃

簡體：吃

詞語：好吃、吃飯、吃力

例句：這份早餐很好吃。

tóng

同

same
（相同的）

筆順：

同 冂 冂 同 同 同

簡體：同

反義：異

詞語：相同、一同、同伴、
　　　同學、同步

例句：這兩個答案是相同的。

tǔ / tù

吐

spit

筆順：

ㄧ ㄩ ㅁ ㅁ ㅑ 吐 吐

簡體：吐

反義：吞

詞語：吐出、談吐、嘔吐

例句：墨魚吐出的墨汁是黑色的。

míng

名

name
（名字）

筆順：

名 ク 夕 名 名 名

簡體：名

詞語：名字、名次、名貴、
　　　著名、簽名

例句：請問你叫什麼名字？

hé

合

gather

筆順：

ノ 人 合 合 合 合

簡體：合

反義：分、離

詞語：合作、合共、合併、
　　　配合、集合

例句：我們合作繪畫壁報。

chuī

blow

筆順：

ㄧ ㄧ ㄧ ㄧ ㄧ 吹 吹

簡體：吹

詞語：吹奏、吹牛、吹風機

例句：嘉嘉吹奏牧童笛，十分
動聽。

54

hū

呼

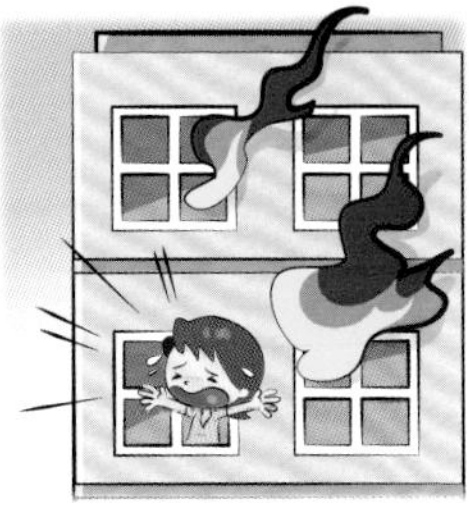

shout

筆順：

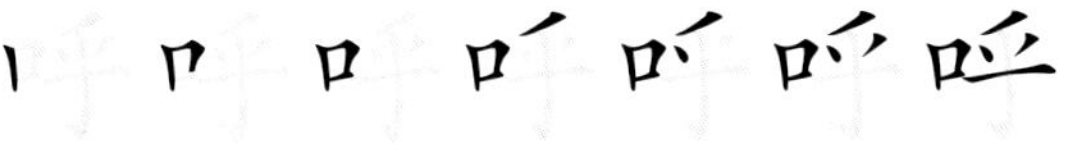

呼

簡體：呼

反義：吸

詞語：呼救、呼叫、呼吸、歡呼

例句：小女孩在大聲呼救。

wèi

味

taste

筆順：

㇒ 丨 ㇆ 口 口 口 口 口 口

味

簡體：味

詞語：味道、美味、趣味

例句：不同的食物有不同的味道。

hé

和

and

筆順：

 和 二 千 禾 禾 禾 和
和

簡體：和

同義：及、與

詞語：和平、和尚、和睦

例句：貓和狗可以和平共處。

gē

哥

elder brother

筆順：

哥 哥 哥 哥 哥 哥 哥 哥 哥 哥

簡體：哥

同義：兄

詞語：哥哥、表哥

例句：哥哥很愛護弟弟。

kū

哭

cry

筆順：

丶 口 口 口 口 口 口

哭 哭 哭

簡體：哭

同義：泣

反義：笑

詞語：哭泣、哭訴

例句：小男孩傷心地哭泣。

chàng

唱

sing

筆順：

簡體：唱

詞語：唱歌、演唱會、合唱

例句：小芬在練習唱歌。

wèn

問

ask

筆順：

問 門 門 門 門 門 門
門 門 問 問

簡體：问

反義：答

詞語：問好、問候、問題、
　　　詢問、學問

例句：請代我向你的家人問好。

xǐ

喜

like

（喜歡）

筆順：

一 十 キ キ 吉 吉 吉

吉 喜 喜 喜 喜

簡體：喜

詞語：喜愛、喜歡、恭喜

例句：妹妹喜愛吃雪糕。

hē

喝

drink

筆順：

丨 冂 口 口 口 叮 叩 叩 叩

叩 吗 喝 喝 喝

簡體：喝

同義：飲

詞語：喝水、喝彩、喝令

例句：多喝水可預防中暑。

止部

字形：像人的腳板。（象形）

字源：當人們在土地上赤腳行走，往往留下了足印，由此可以推廣到表現多種行動來。為了便於書寫，把五趾變成三趾，漸漸將腳板用一橫寫在下面，上邊的三趾看不清了，變成一小橫和兩豎「止」的寫法。今「趾」字代替古「止」字的原意，而「止」則引申為停止的意思。

zhǐ

止

stop

筆順：

丨 ⺊ ⺊ 止

簡體：止

反義：起

詞語：停止、不止、防止、止步

例句：老師要求同學們停止談話，
　　　專心上課。

zhèng

correct
（改正）

筆順：

一 丁 下 下 正 正

簡體：正

反義：反、負、邪

詞語：改正、正在、正式、
　　　正常、正確

例句：小明在改正黑板上的錯字。

bù

步

step

筆順：

⼁ ⼁⼂ ⼁⼂⼃ 步 ⼯ ⼯⼃ 步

簡體：步

詞語：步行、跑步、進步

例句：同學們步行上學。

suì

歲

age

（歲數）

筆順：

一 止 峠 歲 峠 芦 芦
芦 芦 芦 歲 歲 歲

簡體：岁

同義：年

詞語：年歲、歲數、歲月

例句：這些年歲不同的小朋友
都很可愛。

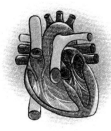

心 部

字形：像人的心臟。（象形）

字源：兩個心房畫在上面，下面是兩個心室。後來，把心尖底下拖長了尾巴，再寫上一點「心」，表示心室部分；至於心房，就演變成外邊的兩點。偏旁可寫成「心」或「忄」。

xīn

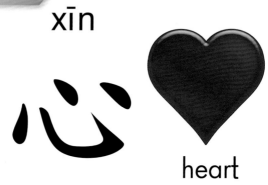

心

heart

筆順：

心 心 心 心

簡體：心

詞語：愛心、信心、貪心、
　　　心臟、心情

例句：紅心代表愛。

máng

忙

busy

筆順：

忄 忄 忄 忙 忙

簡體：忙

反義：閒

詞語：忙碌、急忙、幫忙

例句：爸爸每天都忙碌地工作。

kuài

快

quick

筆順：

快 快 快 忄 忄 快 快

簡體：快

反義：慢

詞語：飛快、趕快、涼快、
　　　快樂、快餐

例句：黃色跑車飛快地在馬路
　　　上駛過。

wàng

忘

forget

筆順：

丶 亠 亡 忘 忘 忘 忘

簡體：忘

詞語：忘記、得意忘形、難忘

例句：爸爸忘記了帶雨傘。

pà

怕

afraid

筆順：

怕 怕 怕 怕 怕 怕 怕
怕

簡體：怕

詞語：害怕、可怕、恐怕、怕羞

例句：妹妹害怕雷電。

xìng

性

character
(性格)

筆順：

性 丨 忄 忄 忄 忄 性
性

簡體：性

詞語：性格、性別、耐性

例句：這隻小狗性格很溫馴。

sī

miss

筆順：

思 思 思 思 思 思 思
思 思

簡體：思

詞語：思念、思想、思考、意思

例句：外婆思念在外國生活的
　　　舅父。

jí

急

rush

筆順：

ノ ク ク 与 鱼 鱼 急 急 急

簡體：急

反義：緩

詞語：急忙、急救、心急、緊急

例句：下雨了，媽媽急忙把窗外
的衣服收起來。

xiǎng

想

think

筆順：

一 十 才 木 机 机 机
相 相 相 想 想 想

簡體：想

詞語：想念、思想、夢想

例句：我十分想念家鄉的食品。

ài

愛

love

筆順：

一 ′ ′′ ′′′ ′′ ′′ ′′

受 受 受 受 受 愛

簡體：爱

反義：憎、恨

詞語：疼愛、敬愛、愛心、愛惜

例句：父母都疼愛子女。

màn

慢

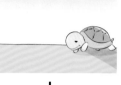

slow

筆順：

慢 慢 慢 慢 慢 慢 慢
慢 慢 慢 慢 慢 慢 慢

簡體：慢

反義：快

詞語：慢慢地、慢吞吞、緩慢

例句：小烏龜慢慢地在地上爬行。

lǎn

懶

lazy

筆順：

懶 懶 懶 懶 懶 懶 懶
懶 懶 懶 懶 懶 懶 懶
懶 懶 懶 懶 懶

簡體：懒

反義：勤

詞語：懶洋洋、懶惰、懶散

例句：妹妹懶洋洋地伸了個懶腰。

手部

字形：像人的手形。（象形）

字源：原本指拳頭，無左右之分，後來
畫上五個指頭，因為要便於書寫，
漸漸地把手指部分畫成線條，但
還是可以數出那五隻手指來。最
後，演變成一撇和二橫「三」，
就再看不出手指了。偏旁可寫成
「手」或「扌」。

shǒu

hand

筆順：

手 手 手 手

簡體：手

詞語：雙手、手袋、手錶、
洗手間

例句：我們要保持雙手清潔衛生。

dǎ

打

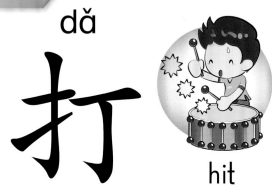

hit

筆順：

打 打 打 打 打

簡體：打

詞語：打鼓、打開、打破

例句：弟弟在打鼓。

zhǎo

找

look for

筆順：

一 十 才 扩 找 找 找

簡體：找

同義：尋、覓

詞語：尋找、找錢、找出路

例句：弟弟在尋找丟失的玩具。

pāi

拍

clap

筆順：

拍 拍 拍 扣 扣 拍 拍 拍

簡體：拍

詞語：拍掌、拍照、拍打、拍檔

例句：觀眾拍掌鼓勵表演者。

bào

抱

hug

筆順：

一 十 扌 扌 扩 拘 拘 拘
抱

簡體：抱

詞語：擁抱、懷抱、抱歉、抱怨

例句：爸爸和媽媽親密地擁抱。

lā

拉

pull

筆順：

拉 拉 拉 拉 拉 拉 拉
拉

簡體：拉

反義：推

詞語：拉動、拉肚子、拖拉

例句：水手們合力拉動了風帆。

zhǐ

指

ring
（戒指）

筆順：

一 十 扫 扫 指 指 指
指 指

簡體：指

詞語：戒指、手指、指示、指導

例句：姐姐手上的戒指很漂亮。

bài

拜

visit
（拜訪）

筆順：

拜 拜 拜 手 手 手 手
拜 拜

簡體：拜

詞語：拜年、拜訪、禮拜天

例句：我們到外婆家拜年。

shí

拾

pick up
（拾起）

筆順：

一 十 扌 扒 扴 払 拾
拾 拾

簡體：拾

同義：撿

詞語：拾起、拾遺、拾取、收拾

例句：哥哥拾起地上的鉛筆。

ná

take

筆順：

人 今 今 今 合 合 拿
拿 拿 拿

簡體：拿

同義：取

詞語：拿着、拿手、拿主意、
捉拿

例句：弟弟拿着一輛玩具車
上街玩。

săo/sào

掃

sweep

筆順：

一 十 扌 扫 扫 扫 扫 扫 扫 掃 掃

簡體：扫

詞語：打掃、清掃、掃帚

例句：我和媽媽一起打掃房子。

diào

掉

drop

筆順：

掉 掉 掉 掉 掉 掉 掉
掉 掉 掉 掉

簡體：掉

詞語：丟掉、掉換、掉轉

例句：爸爸不小心丟掉了身分證。

pái

排

ranking
（排名）

筆順：

一 十 才 才 打 非 非
非 非 排排

簡體：排

同義：列

詞語：排名、排隊、安排

例句：小桃的成績排名第一。

guà

掛

hang

筆順：

一 十 扌 扌 扌 扌 扌
挂 挂 掛 掛

簡體：挂

詞語：掛起、掛念、懸掛

例句：爸爸在窗前掛起了一個
　　　燈籠。

tuī

推

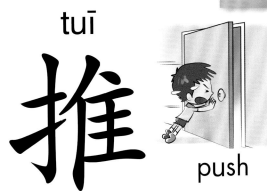

push

筆順：

一 扌 扌 护 护 护 护 拧 拧 推 推

簡體：推

反義：拉

詞語：推門、推銷、推理、推行

例句：弟弟使勁地推門。

jiē

接

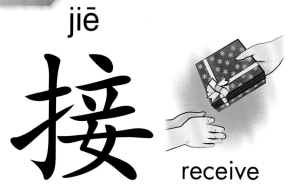

receive

筆順：

一 接 接 接 扩 扩 扩
扩 扞 接 接

簡體：接

詞語：接受、接到、接替、接近

例句：別人送禮物給我們，我們
要雙手接受。

huàn

換

exchange

筆順：

一 十 扌 扌 扩 护 护
押 押 捄 換 換

簡體：换

詞語：交換、替換、調換、換季

例句：我與姐姐交換聖誕禮物。

wò

握

grip

筆順：

握 握 握 握 握 握 握
握 握 握 握 握

簡體：握

詞語：握手、把握、掌握

例句：林校長親切地和同學們
　　　握手。

yáo

搖

shake

筆順：

一　十　扌　扩　护　护　护
护　护　搖　搖　搖　搖

簡體：摇

詞語：搖頭晃腦、搖擺、動搖

例句：妹妹搖頭晃腦地跟着音
樂唱歌。

qiǎng

搶

rescue
（搶救）

筆順：

搶 搶 搶 搶 搶 搶 拎
拎 拎 拾 搶 搶 搶

簡體：抢

同義：奪

詞語：搶救、搶先、搶劫

例句：醫生在搶救病人。

cā

擦

wipe

筆順：

一 ナ ナ 扩 扩 扩 扩
护 护 护 护 捽 捽 捽
擦 擦 擦

簡體：擦

同義：揩、抹、拭

詞語：擦洗、擦汗、磨擦

例句：姐姐在擦洗衣服上的污垢。

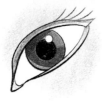

目 部

字形：像人的眼睛。（象形）

字源：最初，不但畫上眼珠、眼眶，連瞳孔也畫出。漸漸不畫瞳孔，眼眶變成長方形，而且橫放變成直放，眼珠就變成兩條橫線了。

mù

目

eye

筆順：

丨 冂 冃 月 目

簡體：目

詞語：眉清目秀、節目、科目、
　　　目的、目標

例句：這個孩子眉清目秀。

zhí

直

straight

筆順：

一 十 古 方 有 有 直

直

簡體：直

同義：豎

反義：曲、橫

詞語：直線、直到、直接、直立

例句：妹妹在紙上畫了一條直線。

kàn / kān

看

see

筆順：

看 看 看 看 看 看 看 看 看

簡體：看

同義：望、觀、見

詞語：看見、看待、觀看、看管

例句：我看見媽媽下車回家。

xiàng / xiāng

相

photo
（相片）

筆順：

一相 十相 才相 村相 相 机相 枏相

相相

簡體：相

詞語：相片、相反、相信、
相處、互相

例句：這張相片的景色十分壯麗。

zhēn

真

innocent
（天真的）

筆順：

一 十 十 古 古 苜 苜
苜 真 真

簡體：真

反義：假

詞語：天真、真正、真誠、
　　　真實、認真

例句：弟弟十分天真可愛。

yǎn

眼

eye

筆順：

㇆ ㇆ ㇆ ㇆ 目 目 目
目 眼 眼 眼

簡體：眼

詞語：眼睛、眼鏡、眼淚

例句：我們要好好保護眼睛。

shuì

睡

sleep

筆順：

丨 刀 刀 月 目 目 目

目 目 目 目 睡 睡 睡

簡體：睡

同義：眠

詞語：睡覺、睡眠、入睡

例句：我和哥哥每晚九時睡覺。

耳 部

字形：像人的耳朵。（象形）

字源：最初，耳形畫得很簡單，後來，
畫出內部構造，這部分寫成兩小
橫，外邊則兩橫兩豎「耳」寫出
耳朵的輪廓來，而其中一豎較長
表示緊貼臉部。

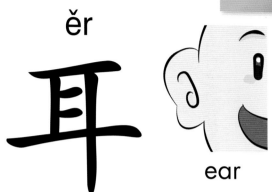

ěr

耳

ear

筆順：

一 丁 丌 丌 耳 耳

簡體：耳

詞語：耳朵、耳環、悅耳

例句：哥哥的耳朵很大。

shēng

聲

sound

筆順：

一 耂 耂 耂 吉 吉 吉 声
声 声 声 声 声 声 声
声 声 聲

簡體：声

詞語：歌聲、掌聲、聲音

例句：她的歌聲十分動聽。

tīng

聽

hear

筆順：

一 厂 Ɤ Ɤ 耳 耳 耳
耳 耳 耳 耵 耴 耵 耺
耺 耺 耺 聽 聽 聽 聽
聽

簡體：听

詞語：聆聽、聽見、聽眾、聽從

例句：弟弟在專心聆聽故事。

肉 部

夕　夕　肉　肉　肉

字形：像切開的一塊肉。（象形）

字源：切開肉塊，見到肌肉的紋理，
　　　紋理部分漸漸寫成兩個「人」
　　　字。偏旁寫成「肉」或「⺼」，
　　　紋理部分是一畫一剔，與月亮的
　　　「月」字不同。（「月」字裏是
　　　兩畫。）

ròu

肉

meat

筆順：

肉 冂 内 内 肉 肉

簡體：肉

詞語：肉類、牛肉、肌肉

例句：肉類是人們喜愛的食物
之一。

肉部

dù

肚

stomach

筆順：

丿 刀 月 月 月 肝 肚

簡體：肚

同義：腹

詞語：肚子、肚皮

例句：爸爸的肚子很大。

féi

肥

fat

筆順：

丿 刀 月 月 刖 刖 肥 肥

簡體：肥

同義：胖

反義：瘦

詞語：肥胖、肥皂、肥料

例句：多吃零食容易引致肥胖。

jiǎo

腳

foot

筆順：

ㄐ 朋 月 月 月 朋 肜

朓 朓 朓 胎 脕 腳

簡體：脚

同義：足

詞語：腳步、手腳、山腳

例句：運動員停下了腳步。

nǎo

腦

brain

筆順：

ノ 刀 月 月 𦝫 𦝫 𦝫

𦝫 𦝫 𦟝 腦 腦 腦

簡體：脑

詞語：頭腦、電腦、腦袋

例句：充足的睡眠可令頭腦
　　　靈活。

yāo

腰

waist

筆順：

刂 刀 月 肥 胛 脥 脥
脥 脥 腰 腰 腰 腰

簡體：腰

詞語：腰部、腰帶、腰圍、山腰

例句：哥哥用手指着腰部。

liǎn

臉

face

筆順：

丿 刀 月 月 肝 肸 肸
肸 脸 脸 脸 脸 脸
脸 脸 臉

簡體：脸

同義：面

詞語：臉兒、臉紅、臉色

例句：妹妹有一張可愛的臉兒。

身 部

字形：像人的身體形狀。（象形）

字源：從整個人身的側面看來，肚腹部分
較為明顯，所以特別誇張這個部
分，強調了人身的立體形象。字形
原來的構思，是人站在地上，一畫
表示地面；這一畫漸漸移畫到腳脛
上，變成現在的一撇「丿」了。

shēn

身

body

筆順：

ˊ ㇀ ㇆ 白 自 身 身

簡體：身

詞語：身體、身高、身分證

例句：我們要保持身體健康。

duǒ

躲

hide

筆順：

躲 躲 躲 躲 躲 躲 身 躲

身 躲 躲 躲 躲 躲

簡體：躲

同義：避、藏、匿

詞語：躲藏、躲避

例句：小貓躲藏在牆壁後面。

足部

字形：像人的腳部。（象形）

字源：連腳脛上部一起畫，膝蓋畫成圓
形以至方形，中間一豎一橫是腳
脛，底下才是腳，寫成一撇一捺。
古時的足字，指的是整條腿。今
天，「腿」字代替古時「足」字
的原意，而「足」字就指腳了。

zú

足

foot

筆順：

足 足 足 足 足 足 足

簡體：足

同義：腳

詞語：足球、足夠、足跡

例句：我愛踢足球。

pǎo

跑

run

筆順：

㇀ 跑 跑 ㇂ 㗊 跑 跙

跙 趵 跏 跑 跑

簡體：跑

同義：奔

詞語：跑步、跑車、跑道

例句：每天早上，公園裏都有
很多人在跑步。

diē

跌

fall

筆順：

跌 跌 跌 跌 跌 跌 跌
跌 跌 跌 跌 跌

簡體：跌

反義：升、漲

詞語：跌落、下跌

例句：那個人險些跌落山崖。

lù

路

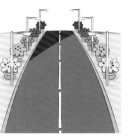

road

筆順：

ⁿ 路 路 卩 卩 卩 足 足

足 足 跋 跋 路 路

簡體：路

同義：道

詞語：馬路、道路、路程、路線

例句：馬路兩旁種滿了花卉。

tiào

跳

jump

筆順:

跳 跳 跳 跳 跳 跳 跳
跳 跳 跳 跳 跳 跳

簡體:跳

詞語:跳躍、跳舞、跳繩、心跳

例句:一隻兔子向我跳躍過來。

tà / tā

踏

step

筆順：

丶 ㇏ 𧾷 𧾷 𧾷 𧾷 𧾷
趵 趵 趵 趵 趵 踏 踏
踏

簡體：踏

同義：踩

詞語：踏步、踏板、踏實

例句：我們大踏步地走過草地。

頁 部

字形：像人身上放大了的頭部。（象形）

字源：畫出人身、人頭，強調頭部，上邊
有頭髮和眼睛。現在把頭髮寫成
一橫一撇「⺈」，頭部就用「目」
字代表，下面「ハ」表示人身。今
「頭」字代替古時「頁」字的原
意，而「頁」則假借成「書頁」的
「頁」。

yè

頁

page

筆順：

頁 頁 一 丆 丆 百 百 頁 頁

簡體：页

詞語：頁數、網頁、活頁

例句：這本書的頁數是多少？

dǐng

頂

top

筆順：

頂 頂 頂 頂 頂 頂 頂
頂 頂 頂 頂

簡體：顶

詞語：山頂、頂尖、頂點

例句：山頂被大霧濃罩着。

tóu

頭

head

筆順：

一 丆 丙 頁 頁 豆 豆
豆 豆 頭 頭 頭 頭 頭
頭 頭

簡體：头

同義：首

反義：尾

詞語：頭部、頭髮、頭等、罐頭

例句：姐姐的頭部很大。

137

yán

顏

colour
（顏色）

筆順：

顏 顏 顏 顏 顏 产 产
产 产 顏 顏 顏 顏 顏
顏 顏 顏 顏

簡體：颜

詞語：顏色、顏料、容顏

例句：這是我的顏色筆。

tí

題

question

（題目）

筆順：

丶 題 題 旦 旦 早 早

旱 是 是 是 題 題 題

題 題 題 題

簡體：题

詞語：題目、問題、主題

例句：這次測驗的題目很淺易。

牛部

字形：像牛頭。（象形）

字源：最初的文字寫法，簡單地只有牛
角和牛耳，中間一豎代表牛面和
牛額，漸漸把牛角寫成「𠂉」，牛
耳部分寫成「一」，牛面和牛額
還是保留「丨」。偏旁寫成「牛」
或「牜」。

niú

牛

cattle

筆順：

ノ 𠂉 𠂉 牛

簡體：牛

詞語：母牛、蝸牛、牛油、
　　　牛仔褲

例句：一頭母牛在吃草。

wù

物

thing
（事物）

筆順：

物 物 物 物 物 物 物
物

簡體：物

詞語：事物、衣物、禮物、
植物、物件

例句：這個電視節目每集都會
介紹新事物。

犬部

字形：即是狗，像側面直立的狗形。（象形）

字源：簡單數筆，勾出瘦長的身體，也畫出
頭、腳和尾部。現在的寫法，把耳朵
演變成一橫和一點「⼇」，頭和前腿
連成一撇「丿」，身體就和尾部連成一
捺「㇏」。偏旁寫成「犬」或「犭」。

gǒu

dog

筆順：

狗 狗 狗 狗 狗 狗 狗
狗

簡體：狗

同義：犬

詞語：小狗、狗兒

例句：小狗在等候主人回家。

zhuàng

狀

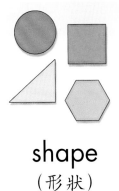

shape
（形狀）

筆順：

狀 狀 狀 狀 狀 狀 狀
狀

簡體：狀

詞語：形狀、狀態、狀況

例句：這裏有不同形狀的圖案。

cāi

猜

guess

筆順：

猜 猜 猜 猜 猜 猜 猜
猜 猜 猜 猜

簡體：猜

詞語：猜謎、猜想、猜測

例句：小剛很喜歡猜謎。

hóu

猴

monkey

筆順：

亻猴 猴 犭 犭 犭 狷
狷 狷 狷 狷 猴

簡體：猴

詞語：猴子、猿猴

例句：猴子在樹上玩耍。

shī

獅

lion

筆順：

彳 犭 犭 犭 犭 狎 狎
狎 狎 狎 狮 獅 獅

簡體：狮

詞語：獅子、舞獅

例句：獅子在大樹下睡覺。

羊部

字形：像羊頭。（象形）

字源：羊角向下彎曲，是羊的特徵。現
　　　在的寫法，把羊角寫成兩點「ˋˊ」
　　　在上，跟着第一畫代表羊耳，往
　　　下兩畫和一豎，就代表羊面。偏
　　　旁可寫成「𦍌」或「羊」。

yáng

sheep

筆順：

羊 羊 羊 羊 兰 羊

簡體：羊

詞語：綿羊、羊毛

例句：農場裏有十隻綿羊。

měi

美

beautiful

筆順：

丷 丷 丷 羊 羊 羊 羊

美 美

簡體：美

反義：醜

詞語：美麗、美食、完美、讚美

例句：這條裙子十分美麗。

羽 部

羽	羽	羽	羽	羽

字形：像鳥的羽毛。（象形）

字源：一片片脫掉下來的羽毛，就是這
個樣子。現在的寫法，用一橫一
豎再一鈎「刁」，表示羽毛的骨幹
架構，當中的一點和一剔「丷」，
就表示羽毛。

yǔ

羽

feather

筆順：

ㄱ ㄱ ㄹ 羽 羽 羽

簡體：羽

詞語：羽毛、羽絨、羽毛球

例句：孔雀的羽毛五彩繽紛。

chì

翅

wings

筆順：

一 十 扌 支 尌 尌 翅 翅 翅 翅

簡體：翅

詞語：翅膀、展翅

例句：鳥兒拍着翅膀飛行。

xí

習

practice
（練習）

筆順：

丁　ㄱ　ㄱ　刁　羽　羽　羽
羽　習　習　習

簡體：习

詞語：練習、學習、溫習、
　　　習俗、習慣

例句：今天我要做中文練習。

虫部

字形：像長蟲的形狀。（象形）

字源：蟲蜿曲擺動，頭部畫得稍大，用以區別尾部。後來把身體分成一豎一橫、尾部變成一點「厶」的寫法，頭部寫成橫長方形的「口」。（注：虫原來是「虺」字，音毀，毒蛇的一種。現已借用作昆蟲的通稱、「蟲」字的簡寫，讀音反變成「松」了。）

wén

蚊

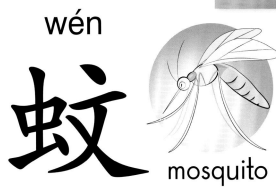

mosquito

筆順：

蚊 蚊 蚊 蚊 蚊 蚊 蚊

蚊 蚊 蚊

簡體：蚊

詞語：蚊子、蚊蟲、蚊香

例句：夏天常常有蚊子咬人。

shé

蛇

snake

筆順：

蛇 蛇 蛇 蛇 蛇 蛇 蛇
蛇 蛇 蛇 蛇

簡體：蛇

詞語：毒蛇、蛇蟲鼠蟻

例句：眼鏡蛇是毒蛇。

dàn

蛋

egg

筆順：

丆 丆 丆 丆 丞 丞 呑
呑 蛋 蛋 蛋

簡體：蛋

詞語：雞蛋、搗蛋、蛋糕

例句：這個雞蛋壞了。

wā

蛙

frog

筆順：

蛙 蛙 蛙 蛙 虫 虫 虫
虫 蛙 蛙 蛙 蛙

簡體：蛙

詞語：青蛙、蛙泳

例句：一隻青蛙伏在荷葉上。

fēng

蜂

bee

筆順：

ノ 口 口 中 虫 虫 虫ˊ
虫ˊ 虫ˊ 虫ˊ 蜂 蜂 蜂

簡體：蜂

詞語：蜜蜂、蜂巢、蜂鳥、蜂擁

例句：蜜蜂在花兒上飛舞。

mì

蜜

honey
(蜂蜜)

筆順：

蜜 蜜 蜜 蜜 宓 宓 宓
宓 宓 宓 宓 宓 蜜 蜜

簡體：蜜

詞語：蜂蜜、甜蜜、蜜糖

例句：媽媽喜歡用蜂蜜做甜品。

dié

蝶

butterfly

筆順：

丶丶口口中虫虫虹
虹蛈蛈蜨蜨蝉蝶
蝶

簡體：蝶

詞語：蝴蝶、蝶泳

例句：彩色繽紛的蝴蝶多麼
美麗啊！

163

xiā

蝦

shrimp

筆順：

蝦 蝦 蝦 蝦 蝦 蝦 虫

虾 虾 虾 蚜 蝦 蝦 蝦

蝦

簡體：虾

詞語：蝦米、蝦仁、龍蝦

例句：我最喜歡吃媽媽做的
蝦米蒸蛋。

chóng

蟲

insect

筆順：

、 ㄇ ㅁ 中 虫 虫 虫

虫 虫 虫 虫 虫 虫 蟲

蟲 蟲 蟲 蟲

簡體：虫

詞語：昆蟲、害蟲、螢火蟲

例句：麻雀最喜歡吃昆蟲。

xiè

蟹

crab

筆順：

丿 刀 ⼓ 甪 甪 角 角

角 角 角 解 解 解 解

解 解 蟹 蟹 蟹

簡體：蟹

詞語：螃蟹、蟹鉗、蟹粉

例句：我和媽媽都喜歡吃螃蟹。

yǐ

蟻

ant

筆順：

丶 丶 丷 口 口 虫 虫 虫`
虫` 虫` 虫` 虫` 蛘 蛘 蛘
蛘 蛘 蟻 蟻 蟻

簡體：蚁

詞語：螞蟻、蟻窩

例句：一羣螞蟻正在搬運食物。

167

馬部

𩡐	𩡐	馬	馬	馬

字形：像側面的馬形。（象形）

字源：畫出馬的頭、眼、耳、鬃毛、身體、
腳和尾部。現在的寫法，上邊寫成
「𦥑」，代表頭部和鬃毛，身體寫
成「𠃌」，腳部就演化成了四點。

mǎ

馬

horse

筆順：

一 厂 厂 Ｆ Ｆ 馬 馬
馬 馬 馬

簡體：马

詞語：馬路、馬匹、馬上、
　　　馬戲、馬虎

例句：我們要小心橫過馬路。

yàn

驗

test
（測驗）

筆順：

一 厂 厈 驗 厈 馬 馬

馬 馬 馬 馬 馱 驗 驗

驗 驗 驗 驗 驗 驗 驗

驗 驗

簡體：验

詞語：測驗、經驗、試驗

例句：老師說明天會有中文測驗。

170

魚部

字形：像側看直立的魚形。（象形）

字源：畫出魚頭、魚尾、魚鰭和身上的
　　　鱗片。現在的寫法，魚頭簡化成
　　　一撇、再一橫一斜豎「ク」，魚
　　　身好像「田」字形，表示鱗片；
　　　下面的魚尾演變成四點了。

yú

魚

fish

筆順：

魚 魚 魚 么 么 魚 魚
魚 魚 魚 魚

簡體：鱼

詞語：釣魚、捕魚、魚肉、魚網

例句：叔叔坐在岸邊釣魚。

xiān

鮮

fresh

筆順：

ノ ク ク ク 台 台 鱼

鱼 鱼 鱼 鱼 魚 魚 鮮

鮮 鮮 鮮

簡體：鲜

詞語：新鮮、保鮮、海鮮、
　　　鮮花、鮮豔

例句：這間店舖售賣的蔬果很
　　　新鮮。

173

鳥部

字形：形狀似雀鳥。（象形）

字源：最初的字形，看得見鳥的頭、嘴、
　　　眼、身、鳥爪和羽毛，後來把嘴部
　　　寫成「ノ」，頭部寫成「彐」，裏面
　　　一橫是眼；身體寫成「勹」，而頭
　　　和身之間的一橫，代表羽毛，腳爪
　　　部分就演化成四點了。

niǎo

鳥

bird

筆順：

ノ ィ ㇒ ㇒ ㇒ 烏 烏

烏 烏 烏 烏

簡體：鸟

詞語：小鳥、雀鳥

例句：小鳥在樹枝上吱吱叫。

yā

鴉

crow

筆順：

鴉 ㄏ 于 牙 豸 豸 豸
豸 豸 豸 豸 鴉 鴉 鴉
鴉

簡體：鸦

詞語：烏鴉、鴉雀無聲

例句：樹上有一隻烏鴉。

yā

鴨

duck

筆順：

丨 冂 冃 日 甲 甲 甲

甲 甲 甲 鴨 鴨 鴨 鴨

鴨 鴨

簡體：鸭

詞語：鴨子、鴨蛋、鴨掌

例句：小鴨子的羽毛是黃色的。

gē

鴿

pigeon

筆順：

丿 鴿 鴿 鴿 鴿 鴿 鴿
鴿 鴿 鴿 鴿 鴿 鴿 鴿
鴿 鴿 鴿

簡體：鸽

詞語：鴿子、信鴿

例句：一羣鴿子在天空中飛翔。

é

鵝

goose

筆順：

´ 千 千 手 孔 我 我
我 我 我 我 我 鵝 鵝
鵝 鵝 鵝 鵝

簡體：鵝

詞語：天鵝、企鵝、鵝毛

例句：兩隻天鵝在湖裏游來游去。

山 部

字形：像山巒重疊的樣子。（象形）

字源：一座座的山峯，遠看都是重重疊
疊的。現在寫成三豎代表一座座
山峯，中間一豎較兩旁的長，顯
示山峯有高低，底下一橫就代表
地面。

山部

shān

山

mountain

筆順：

丨 屮 山

簡體：山

詞語：山林、山峯、山坡、
　　　山火、爬山

例句：他們在山林裏探險。

181

àn

coast

筆順：

岸 岸 岸 岸 岸 岸 岸 岸

簡體：岸

詞語：海岸、對岸、兩岸

例句：海鷗聚集在海岸邊。

dǎo

島

island

筆順：

ノ 亻 亻 亼 亽 亽 島

島 島 島

簡體：岛

詞語：小島、半島、島嶼

例句：小鳥在小島上飛翔。

土 部

字形：像地面堆起的土丘。（象形）

字源：堆起土丘時，塵土飛散落下。現在
　　　的寫法，最底一橫是地面，上面一
　　　橫和一豎「十」，表示土丘堆起的
　　　範圍。偏旁寫成「土」或「土」。

tǔ

土

soil

筆順：

一 十 土

簡體：土

詞語：泥土、土地、土星

例句：姐姐把種子埋在泥土裏。

dì

地

place
（地方）

筆順：

 一 地 圤 圠 地 地

簡體：地

詞語：草地、地方、地點、
　　　地位、場地

例句：這塊草地上種了很多鮮花。

zuò

坐

sit

筆順：

ノ 人 火 火 火 坐 坐

簡體：坐

反義：企、立、站

詞語：坐下、乘坐

例句：聽到主人的命令，小狗
乖乖地坐下。

chéng

城

city

筆順：

一城 十城 城 城 圹 坊 城 城 城

簡體：城

詞語：城市、城堡

例句：香港是一個熱鬧的城市。

duī

堆

heap

筆順：

一 十 圵 圵 圵 圵 圵
圵 圵 堆 堆

簡體：堆

詞語：堆放、堆砌、堆積

例句：走火通道不應該堆放
　　　雜物。

bào

報

report
（報告）

筆順：

一 圶 圥 圥 圥 圥 幸

幸 幸 幸 報 報

簡體：报

詞語：報告、報道、報名、報紙

例句：我們明天要交閱讀報告。

chǎng

場

market
（市場）

筆順：

一　十　土　圹　圹　坍　圹

坍　坍　塌　場　場

簡體：场

詞語：市場、商場、機場、
　　　運動場、場地

例句：我和媽媽到超級市場
　　　購物。

191

tǎ

塔

tower

筆順：

一 十 ナ ナ 抃 抃 抃 堵 埣 塔 塔 塔 塔

簡體：塔

詞語：塔樓、燈塔、鐵塔、
金字塔

例句：這幢塔樓是著名的旅遊
景點。

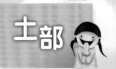

bì

壁

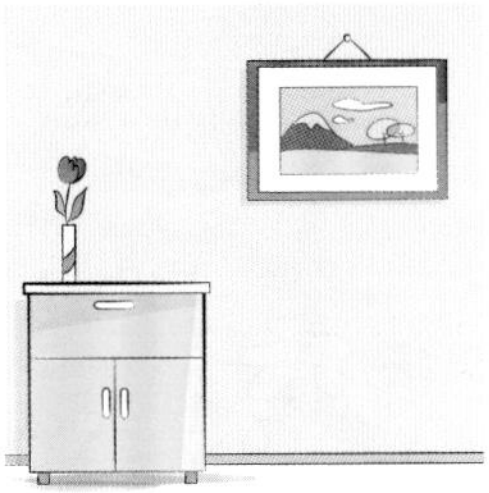

wall

筆順：

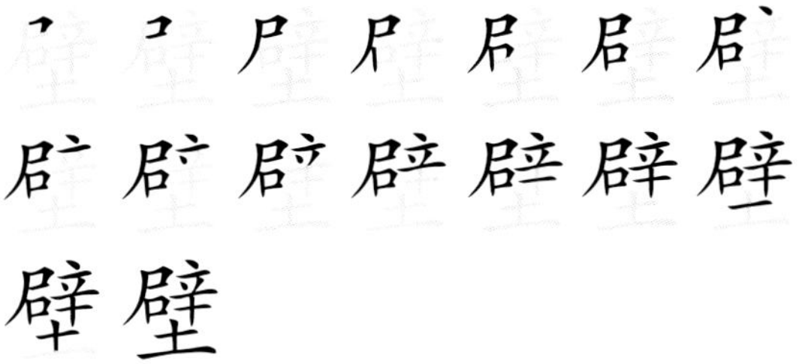

簡體：壁

詞語：牆壁、壁報、壁畫

例句：牆壁上掛了一幅畫。

huài

壞

bad

筆順：

一 十 圹 圹 坼 坼 坼
垧 垧 坤 坤 垲 壞 壞
壞 壞 壞 壞 壞

簡體：坏

反義：好

詞語：變壞、損壞、破壞、壞事

例句：這個蘋果已經變壞了。

月部

字形：像月亮的形狀。（象形）

字源：月亮的特點是有時圓有時缺，所以寫成半月形，看來便與太陽有明顯的分別了。現在的寫法，上是方下是開口「冂」；裏面本來是長長的一畫，表示實物的意思，現在演化成兩畫了。

yuè

月

moon

筆順：

月 刀 月 月

簡體：月

詞語：月亮、月台、月曆、
　　　月餅、賞月

例句：中秋節的月亮特別圓。

yǒu

有

have
(a bag)

筆順：

一 ナ 才 右 有 有

簡體：有

反義：無

詞語：有益、有趣、有關、
　　　所有、只有

例句：蔬菜是有益的食物。

197

fú

服

clothes

筆順：

服 服 服 服 服 服 服
服

簡體：服

詞語：衣服、舒服、服務、
　　　服從、服裝

例句：媽媽已經把衣服洗乾淨。

火部

字形：像火燄的形狀。（象形）

字源：燃燒的火，會看到火燄、火花，
　　　好像裏頭有火舌在動的樣子。現
　　　在寫成一撇一捺表示火舌，旁邊
　　　兩點表示火花「ㄚ」。偏旁寫成
　　　「火」、「火」或者「灬」。

huǒ

火

fire

筆順：

火 火 火 火

簡體：火

詞語：火車、營火、螢火蟲、
火災、火花

例句：弟弟喜歡坐火車。

火部

huī

灰

ash

筆順：

一 ナ ナ 左 灰 灰

簡體：灰

詞語：灰塵、灰心、灰色、灰暗

例句：屋子裏的傢具布滿灰塵。

201

zhào

照

shine
(照耀)

筆順：

丨 冂 丹 日 旫 旫 旫

昭 昭 昭 照 照 照

簡體：照

詞語：照耀、照顧、拍照

例句：太陽照耀着大草原。

yān

煙

smoke

筆順：

煙 煙 火 火 火 炉 炉

炉 炳 炳 煙 煙 煙

簡體：烟

詞語：煙霧、煙花、吸煙

例句：廚房裏突然冒出許多煙
霧，把我嚇了一跳。

xióng

熊

bear

筆順：

熊 熊 熊 熊 熊 熊 熊
熊 熊 熊 熊 熊 熊 熊

簡體：熊

詞語：大熊、大熊貓、北極熊

例句：動物園裏的大熊剛誕下
兩隻小熊。

shú

熟

cooked
（煮熟的）

筆順：

丶 亠 亠 亠 亩 亨 亨

亨 享 孰 孰 孰 孰 熟

熟

簡體：熟

反義：生

詞語：煮熟、成熟、熟睡、熟悉

例句：這塊豬扒已經煮熟了。

rè

熱

hot

筆順：

一 十 土 去 去 去 幸

幸 刲 執 執 執 熱 熱

熱

簡體：热

反義：冷

詞語：炎熱、熱鬧、熱心、熱狗

例句：沙漠的天氣十分炎熱。

shāo

燒

burn

筆順：

、 丶 丷 火 灯 灶 烂

炷 炸 烤 烤 燒 燒 燒

燒 燒

簡體：烧

詞語：燒毀、燒烤、發燒、叉燒

例句：這棟大樓被大火燒毀了。

dēng

lamp

筆順：

灯 灯 少 火 灯 灯 灯
灯 灯 灯 灯 燈 燈 燈
燈 燈

簡體：灯

詞語：電燈、燈光、燈籠、燈塔

例句：走廊上的電燈壞了。

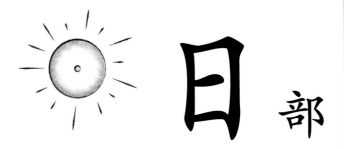

日 部

字形：像太陽的形狀。（象形）

字源：古時寫字，是用刀刻在甲骨上，
所以把太陽刻成不規則的多角
形，裏面的一畫，表示實物體的
意思，漸漸又寫成稍圓的形狀，
後來再變成長方形的寫法。

rì

sun

筆順：

丨 冂 冂 日

簡體：日

同義：晝

反義：夜

詞語：日出、日子、日常、
　　　日用品、節日

例句：日出的景色十分美麗。

zǎo

早

morning

筆順：

丨 冂 日 旦 早 早

簡體：早

反義：晚、遲

詞語：早上、早晨、早期、提早

例句：早上的空氣特別清新。

míng

明

bright
（明亮的）

筆順：

明 刀 月 日 明 明 明

明

簡體：明

反義：暗

詞語：明亮、明白、聰明、發明

例句：這顆鑽石閃耀明亮。

zuó

昨

yesterday

筆順：

ㇲ ㇀ 日 日 昨 昨 昨 昨 昨

簡體：昨

詞語：昨天、昨日

例句：昨天是星期六。

chūn

春

spring

筆順：

春 春 三 丰 夫 耒 春 春 春

簡體：春

詞語：春天、揮春、新春

例句：春天裏百花齊放。

xīng

星

star

筆順：

丶 冂 冂 日 旦 旦 旦

旱 星

簡體：星

詞語：星星、星期、星球、
　　　明星、恆星

例句：今晚滿天都是星星。

shí

時

time

筆順：

丨 𠮷 時 日 日 日寺 時

時 時 時

簡體：时

詞語：時候、時鐘、時裝、準時

例句：現在是上課的時候。

wǎn

晚

night

筆順：

丨 冂 冂 日 日 日′ 旷 旷 旷 旷 晗 晚

簡體：晚

反義：早

詞語：晚上、晚飯、晚安、傍晚

例句：我們在晚上一起看電視。

qíng

晴

sunny

筆順：

丨 刂 刂 日 日 日 日 晴 晴 晴 晴 晴

簡體：晴

詞語：晴朗、晴天

例句：今天天氣晴朗，我到海裏游泳。

shǔ

暑

summer

筆順：

丶 ⅓ 吊 吊 目 星 星

旱 昇 暑 暑 暑

簡體：暑

反義：寒

詞語：暑假、中暑

例句：這個暑假我們去了沙灘
打球。

àn

暗

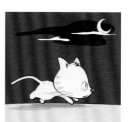

dark

筆順：

１　ｎ　ｎ　日　日　日　日

暗　暗　暗　暗　暗　暗

簡體：暗

反義：明

詞語：黑暗、陰暗、暗藏、暗示

例句：貓可以在黑暗中走動。

nuǎn

暖

warm

筆順：

｜ ｎ ｎ 日 日 日 日 日 日 日 日 日 暖 暖 暖 暖

簡體：暖

反義：冷

詞語：溫暖、暖和、暖融融

例句：弟弟在溫暖的被窩裏熟睡。

水 部

字形：像流水的樣子。（象形）

字源：河水流動時，波紋蕩漾不定，看
起來時長時短。現在寫成中間一
豎連鈎「亅」，表示長水紋，左
邊一橫一撇「𠃌」和右邊一啄一
捺「く」，就表示短水紋。偏旁
寫成「水」或「氵」。

shuǐ

水

water

筆順：

丿 乙 水 水

簡體：水

詞語：喝水、雨水、水果、
水蒸氣

例句：妹妹大口地喝水。

chí

池

pool

筆順：

池 池 池 氵 池 池

簡體：池

詞語：游泳池、電池、池塘

例句：游泳池裏有很多泳客。

chōng

沖

rinse

筆順：

沖 沖 沖 沖 沪 沪 沖

簡體：冲

詞語：沖洗、沖淡、沖涼

例句：大門上的污跡已被
　　　沖洗掉。

qì

steam
（蒸汽）

筆順：

汽 汽 汽 汽 汽 汽 汽

簡體：汽

詞語：蒸汽、汽車、汽水、汽油

例句：我們乘坐蒸汽火車穿越
山谷。

hé

河

river

筆順：

簡體：河

詞語：河流、河馬

例句：山下有一條河流。

ní

泥

mud

筆順：

泥 泥 泥 泥 泥 泥 泥
泥

簡體：泥

詞語：泥土、泥巴、水泥

例句：地上有一堆泥土。

yóu

油

oil

筆順：

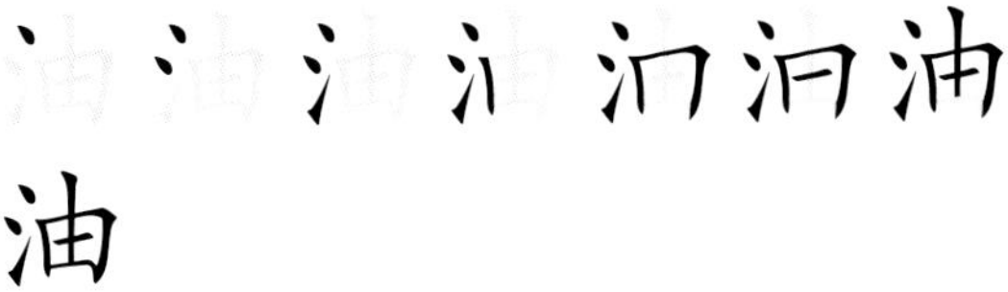

油 油 油 油 汩 汩 油
油

簡體：油

詞語：石油、牛油、加油、
油漆、油墨

例句：石油是珍貴的資源。

dòng

洞

hole

筆順：

 洞 洞 洞 洞 洞 洞 洞 洞 洞

簡體：洞

詞語：洞穴、山洞

例句：這裏有一個洞穴。

xǐ

洗

wash

筆順：

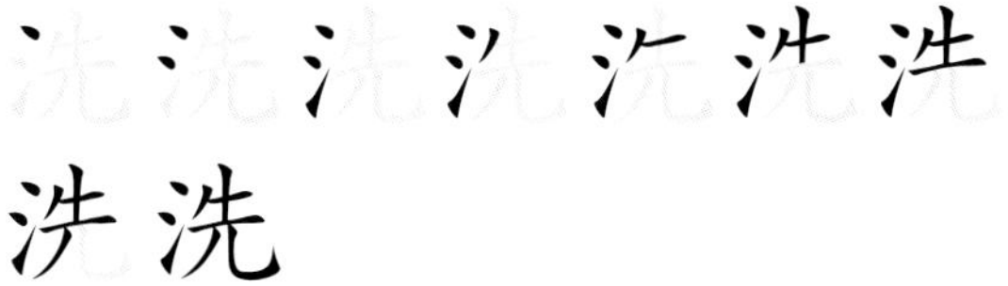

洗 洗 洗 汸 汸 洗 洗 汸 洗

簡體：洗

詞語：清洗、洗澡、洗手間

例句：媽媽在清洗衣服。

liú

流

flow

筆順：

流流流流流流流
流流流

簡體：流

詞語：流入、流行、流利、
　　　流星、輪流

例句：河水不斷地流入大海。

hǎi

海

sea

筆順：

海 海 海 氵 氵 氵 海
海 海 海

簡體：海

詞語：海洋、海豚、海報、
海灘、海鮮

例句：海洋裏有很多魚兒。

水部

làng

浪

wave

筆順：

浪 浪 浪 浪 浪 浪 浪
浪 浪 浪

簡體：浪

詞語：海浪、流浪、浪費、浪花

例句：小船迎着海浪向前駛去。

fú

浮

float

筆順：

浮浮浮浮浮浮浮
浮浮浮

簡體：浮

反義：沉

詞語：飄浮、浮動、浮力

例句：我看見一個玻璃瓶在海面
　　　上飄浮。

shēn

深

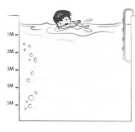

deep

筆順：

深深深深深深深
深深深深

簡體：深

反義：淺

詞語：深海、深夜、深入

例句：那艘船沉入深海裏了。

liáng

涼

cool

筆順：

涼涼涼涼涼涼涼
涼涼涼涼

簡體：涼

詞語：乘涼、涼快、涼鞋、
涼爽、涼亭

例句：我最愛在樹蔭下乘涼。

yóu

游

swim

筆順：

游 游 游 游 游 氵 氵
氵 氵 游 游 游

簡體：游

詞語：游泳、上游

例句：叔叔喜歡游泳。

jiǎn

減

reduce

筆順：

`丶 丶 氵 沪 沪 沪 沪 沪 沪 減 減 減`

簡體：减

反義：增、加

詞語：減少、減輕、減肥

例句：每個人都應該為環保減少
使用膠袋。

wēn

温

temperature
（溫度）

筆順：

温 温 温 温 温 温 温
温 温 温 温 温

簡體：温

詞語：温度、温暖、温習、
温泉、温室

例句：房間裏温度適中，十分
舒適。

mǎn

滿

full

筆順：

滿 滿 滿 滿 滿 滿 滿
滿 滿 滿 滿 滿 滿 滿

簡體：满

反義：空

詞語：裝滿、充滿、滿意、滿足

例句：弟弟的書包裝滿了課本。

shī

濕

wet

筆順：

濕 濕 濕 濕 汐 洞 洞
洞 洞 洞 濕 濕 濕 濕
濕 濕 濕

簡體：湿

反義：乾

詞語：潮濕、濕度、濕熱

例句：春天的天氣十分潮濕。

242

木部

字形：像樹木的形狀。（象形）

字源：越老越大的樹，樹根往往越粗，
　　　而且露出地面來。現在把樹幹寫
　　　成一豎「│」，把樹枝寫成一橫，
　　　樹根就化成一撇和一捺了。

mù

木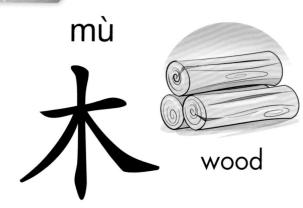

wood

筆順：

一 十 才 木

簡體：木

詞語：木材、木匠、木偶、積木

例句：這些傢具是用木材製造的。

cūn

村

village

筆順：

一 十 才 木 木 村 村

簡體：村

詞語：村子、村民、農村、鄉村

例句：這條村子位於深山中。

zhī

枝

branch

筆順：

枝 枝 枝 枝 枝 枝 枝
枝

簡體：枝

詞語：樹枝、枝葉、枝丫

例句：這些樹枝已經乾枯了。

bēi

杯

glass
（玻璃杯）

筆順：

一 十 才 木 杧 杯 杯

杯

簡體：杯

詞語：杯子、水杯、玻璃杯

例句：我的玻璃杯是空的。

bǎn

板

board

筆順：

板 板 板 板 板 板 板
板

簡體：板

詞語：木板、黑板、地板

例句：工人運送木板到建築工地。

dōng

東

east

筆順：

东 一 厂 厅 百 百 東 東

東

簡體：东

反義：西

詞語：東方、東西、東南亞

例句：這個指南針指向東方。

guǒ

果

fruit

筆順：

果 果 果 果 果 果 果
果

簡體：果

反義：因

詞語：水果、如果、後果、
　　　果汁、果然

例句：媽媽叫小明吃水果。

tái

枱

table

筆順：

一 十 才 木 杧 杧 枱 枱 枱

簡體：台

同義：桌

詞語：枱布、餐枱

例句：這塊枱布是藍色的。

gēn

根

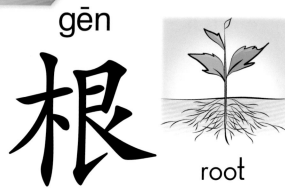

root

筆順：

根 根 根 根 根 根 根 根 根 根

簡體：根

詞語：根部、根本、根據

例句：植物的根部長在泥土下面。

zhuō

桌

table

筆順：

丶 ㇏ ㇏ 占 卓 卓 卓 卓 卓 桌

簡體：桌

同義：柏

詞語：桌子、桌椅、桌布、書桌

例句：桌子上放滿了食物。

xiào

school

筆順：

校 校 校 校 校 校 校
校 校 校

簡體：校

詞語：學校、校園、校服

例句：爸爸在學校門口接妹妹
　　　放學。

lí

pear

筆順：

㇇ 二 千 禾 禾 禾 利 利

利 犁 梨 梨

簡體：梨

詞語：梨子、士多啤梨

例句：梨子很甜。

zhí

植

plant

筆順：

植 植 植 植 植 植 植
植 植 植 植 植

簡體：植

詞語：植物、種植

例句：花園裏種了很多植物。

qí

棋

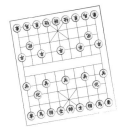

chess

筆順：

一 十 オ ォ 村 村 村
村 村 村 棋 棋

簡體：棋

詞語：象棋、圍棋、棋子、棋盤

例句：中國象棋的棋盤是方型的。

lóu

樓

building

筆順：

一樓樓樓樓樓樓
樓樓樓樓樓樓樓
樓

簡體：楼

詞語：樓房、樓梯、酒樓、
　　　寫字樓

例句：這座樓房十分宏偉。

lè

樂

happy

筆順：

丿 彳 彳 白 白 白 紬

紬 紶 紲 紲 樂 樂 樂

樂

簡體：乐

反義：苦

詞語：快樂、遊樂場

例句：小儀快樂地帶着小狗散步。

shù

樹

tree

筆順：

一 樹 十 樹 才 樹 樹
杄 桔 桔 桔 桔 樹 樹
樹 樹

簡體：树

詞語：樹林、樹木、樹立

例句：我們要保護樹林。

qiáo

橋

bridge

筆順：

一 十 扌 柹 橋 栴 桥
桥 桥 栿 桥 桥 橋 橋
橋 橋

簡體：桥

詞語：橋樑、天橋、石橋

例句：橋樑連接大河兩岸。

chéng

橙

orange

筆順：

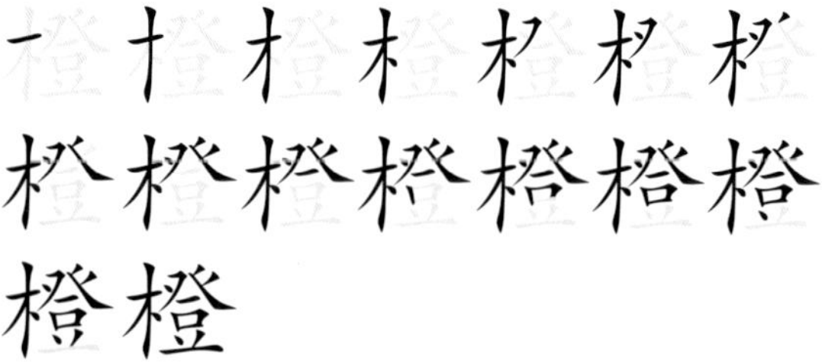

一 十 才 栏 栏 栏 栏
栏 栏 栏 栏 栏 栏 橙
橙 橙

簡體：橙

詞語：橙子、橙汁、橙紅色

例句：我每天都會吃一個橙子。

jī

機

machine
（機器）

筆順：

一 十 才 木 朮 杉 松

松 松 松 松 桦 機 機

機 機

簡體：机

詞語：機器、機會、飛機

例句：工人在機器前工作。

héng

橫

horizontal

筆順：

橫 橫 橫 橫 橫 橫 橫
橫 橫 橫 橫 橫 橫 橫
橫 橫

簡體：横

反義：直、縱、豎

詞語：橫線、橫跨、縱橫

例句：弟弟認真地在牆上畫橫線。

禾部

字形：像禾稻的形狀。（象形）

字源：禾稻成熟時，頂部有稻穗下垂，
　　　所以在代表一般植物的「木」字
　　　上面，加一撇「ㄆ」，顯示稻穗下
　　　垂的樣子。

qiū

秋

autumn

筆順：

秋 秋 千 秋 秋 秋 秋
秋 秋

簡體：秋

詞語：秋天、秋季、秋風

例句：秋天到了，很多樹葉都變
成了黃色。

zhì

秩

order
(秩序)

筆順:

㇓ ㇒ 千 禾 禾 秄 秆
秄 秖 秩

簡體:秩

詞語:秩序

例句:我們排隊時要遵守秩序。

zhì

稚

childish

筆順：

稚 稚 稚 稚 稚 稚 稚
稚 稚 稚 稚 稚 稚

簡體：稚

詞語：稚氣、幼稚、幼稚園

例句：弟弟稚氣的樣子很可愛。

zhǒng/
zhòng

種

seed
(種子)

筆順：

種種種種種種種
稀稀稀稀稀種種

簡體：种

詞語：種子、種類、耕種

例句：農夫忙着在田裏播下
種子。

dào

稻

paddy
（水稻）

筆順：

稻 稻 千 禾 稻 稻 稻
稻 稻 稻 稻 稻 稻 稻
稻

簡體：稻

詞語：稻米、稻草人

例句：水稻是我國的主要糧食
作物。

gǔ

穀

grain

筆順：

一 十 士 声 声 壱 声

壱 幸 辜 辜 彔 彔 穀

穀

簡體：谷

詞語：穀物、五穀

例句：穀物有益健康。

石 部

石 石 石 石 石

字形：像山崖下突出的石形。（象形）

字源：山由石組成，長久經過風吹雨
打、日曬雨淋，山岩會被侵蝕，
掉落成石塊。現在寫成一橫和一
撇「厂」，代表山崖，石塊就變
成「口」形了。

shí

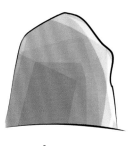

stone

筆順：

一 ア ア 石 石

簡體：石

詞語：石頭、石膏、石油、
　　　寶石、磁石

例句：石頭可以用來建造房屋。

qì

砌

build

筆順：

一ノ丁丁石石石石砌
砌砌

簡體：砌

詞語：堆砌、砌圖

例句：弟弟在沙灘堆砌了一座
城堡。

pò

破

damage

筆順：

一 丆 丆 石 石 石 矿 矿 砧 破 破

簡體：破

反義：立

詞語：劃破、破壞、破裂、破舊

例句：巴士的座椅被人劃破了。

yìng

硬

hard

筆順：

硬 丆 砳 砳 砳 砳 砳
砳 砳 砳 硬 硬

簡體：硬

反義：軟

詞語：堅硬、硬幣

例句：核桃的外殼十分堅硬。

wǎn

碗

bowl

筆順：

一 丆 丆 不 石 石ˋ 石ˋ
石宀 石夕 石夕 碗 碗 碗

簡體：碗

詞語：飯碗、湯碗

例句：我幫媽媽拿飯碗。

suì

碎

broken

筆順：

簡體：碎

詞語：打碎、破碎、碎片

例句：妹妹不小心打碎了杯子。

dié

碟

dish

筆順：

一 丆 丆 石 石 石 石
矿 矿 碟 碟 碟 碟 碟

簡體：碟

詞語：碟子、光碟、影碟

例句：碟子可以用來盛菜。

米部

字形：像禾稻上面穀粒的形狀。（象形）

字源：穀粒長在禾梗上，經過打穀去殼，才弄出一顆顆白色的米粒。現在把禾梗寫成一橫，中間的米粒變成一豎「｜」，上邊的變成一點一啄「丷」，底下就變成一撇「丿」和一捺「㇏」了。

mǐ

米

rice

筆順：

米 米 米 半 米 米

簡體：米

詞語：大米、米飯、玉米、厘米

例句：大米是我們的主要食糧。

fěn

粉

powder
（粉末）

筆順：

粉 粉 粉 粉 半 半 半
粉 粉 粉

簡體：粉

詞語：粉末、粉紅、粉筆、花粉

例句：咖喱粉的粉末是黃色的。

lì

粒

grains of rice
（米粒）

筆順：

粒 粒 丷 半 半 米 米
籵 籵 籵 粒

簡體：粒

詞語：一粒、米粒

例句：飯碗內有一粒米。

cū

thick

筆順：

粗 粗 粗 半 米 米 米 米
粗 粗 粗 粗

簡體：粗

反義：幼、精、細

詞語：粗壯、粗略、粗心、粗糙

例句：這棵大樹很粗壯，要兩個
成人才能環抱它。

sù

粟

corn

筆順：

一丆丆丙两两两
票票粟粟粟

簡體：粟

詞語：粟米、粟子

例句：粟米可以製成粟米油。

gāo

糕

cake

筆順：

糕 糕 糕 丬 米 米 米
糕 糕 糕 糕 糕 糕 糕
糕 糕

簡體：糕

詞語：蛋糕、雪糕、糕點

例句：這個生日蛋糕很漂亮。

táng

糖

candy

筆順：

、 ⸍ ⸍ 半 半 半 米

米 米 籵 籵 籵 糒 糖

糖 糖

簡體：糖

詞語：糖果、砂糖

例句：我最愛吃糖果。

竹部

| 林 | 竹 | 帅 | 竹 | 竹 |

字形：像竹葉的形狀。（象形）

字源：竹子挺直，長出的葉也是硬直
的，無論經過風吹雨打，直直的
性子總是不改，所以寫成的竹
枝都是一豎，旁邊的一棵加上一
鈎是增加視覺美；竹葉則變成
一撇和一橫「ㄍ」。偏旁可寫成
「竹」。

zhú

竹

bamboo

筆順：

ノ ト ヶ 仁 仁 竹 竹

簡體：竹

詞語：竹子、竹竿、竹葉

例句：竹子是一種常見植物。

xiào

笑

smile

筆順：

笑 笑 笑 笑 笑 笑 笑
笑 笑 笑

簡體：笑

反義：哭

詞語：微笑、歡笑、笑容、笑話

例句：張老師常常臉帶微笑。

děng

等

wait

筆順：

ノ ㇒ ㇒ ㇒ ㇒ ㇒ ㇒

㇒ 笙 笁 等 等

簡體：等

詞語：等候、等待、平等

例句：乘客正在車站等候巴士。

dá / dā

answer

筆順：

簡體：答

同義：覆

反義：問

詞語：回答、報答、答應

例句：子健回答了所有問題。

bǐ

筆

pen

筆順：

ノ ⺮ ⺮ ⺮ ⺮ ⺮ ⺮

⺮ ⺮ ⺮ ⺮ 筆

簡體：笔

詞語：原子筆、毛筆、鋼筆、
　　　筆記

例句：我用原子筆學習硬筆
　　　書法。

kuài

筷

chopsticks

筆順：

筷筷筷筷筷筷筷
筷筷筷筟筷筷

簡體：筷

詞語：筷子、碗筷

例句：我們用筷子吃飯。

suàn

算

count
（計算）

筆順：

ノ ト 上 午 午 午 午

竹 竹 筲 筲 筲 算 算

簡體：算

詞語：計算、算術、算式

例句：哥哥很快便計算出答案。

bù

簿

notebook
（筆記簿）

筆順：

簿 簿 簿 簿 簿 簿 簿
簿 簿 簿 簿 簿 簿 簿
簿 簿 簿 簿 簿

簡體：簿

詞語：筆記簿、簿子

例句：姐姐常常帶着一本筆記簿。

lán

籃

basket

筆順：

ノ ㇒ ㇏ ㇏ 笃 笁 竺

㐅 笁 竺 筌 篮 篮 篮

篮 篮 篮 篮 篮 籃

簡體：篮

詞語：籃子、籃球、花籃

例句：籃子用來盛物。

艸 部

象形：即是草，像草形。（象形）

字源：一叢叢的草，草莖連着地面，草的性質柔軟，隨風擺動，看來時直時彎，所以寫成一棵彎「屮」，一棵直「屮」。偏旁寫成「艹」。

huā

花

flower

筆順：

花

簡體：花

詞語：花朵、花園、浪花、煙花

例句：花盆裏的花朵很漂亮。

kǔ

bitter

筆順：

苦 苦 苦 苦 苦 苦 苦 苦 苦

簡體：苦

反義：樂、甜

詞語：苦味、苦惱、辛苦、
　　　痛苦、貧苦

例句：這杯飲品帶點苦味，
　　　不好喝。

艸部

cǎo

草

grass

筆順：

一 十 十 十 十 十 苫 苫

苩 苩 草

簡體：草

詞語：草地、草原、草叢、花草

例句：我們在草地上放風箏。

hé

荷

lotus

筆順：

荷 荷 荷 荷 荷 荷 荷
荷 荷 荷 荷

簡體：荷

詞語：荷花、荷塘、荷葉

例句：弟弟在觀賞荷花。

jīng

莖

stem

筆順：

一 十 艹 艹 艺 艺 茊

茊 茊 莖 莖

簡體：茎

詞語：莖部、莖葉

例句：百合竹的莖部十分修長。

cài

菜

vegetables

筆順：

菜 菜 菜 菜 菜 菜 菜
菜 菜 菜 菜 菜

簡體：菜

詞語：蔬菜、菜園、菜刀

例句：我們每天都要吃蔬菜。

jú

菊

chrysanthemum

筆順：

一 艹 艹 菊 菊 芍 芍
芍 芍 荪 菊 菊

簡體：菊

詞語：菊花、賞菊

例句：菊花在田間裏盛開。

艸部

luò

落

fall

筆順：

落 落 落 落 落 落 落
莎 莎 莈 莈 落 落

簡體：落

同義：下、降

反義：上、起

詞語：日落、降落、落葉、落後

例句：我們站在山頂看日落。

yè

葉

leaf

筆順：

一 十 艹 艹 芒 芒 苹

苹 莊 莘 莘 葉 葉

簡體：叶

詞語：樹葉、茶葉、葉子

例句：我繪畫了不同形狀的樹葉。

艸部

báo/bó

薄

thin

筆順：

薄 薄 薄 薄 薄 薄 薄
薄 薄 薄 薄 薄 薄 薄
薄 薄 薄

簡體：薄

反義：厚

詞語：薄片、薄餅、厚薄、薄弱

例句：弟弟喜歡吃薄片麵包。

 貝 部

字形：像貝殼的形狀。（象形）

字源：貝殼顏色美麗，而且罕有，古人用來作裝飾品和貨幣。現在把貝殼的外形寫成長方形，貝殼的底部就變成一撇和一長點「八」。

tān

貪

greedy

筆順:

ノ 人 今 今 今 含 含
貪 貪 貪 貪

簡體:贪

詞語:貪心、貪污、貪求

例句:小明貪心地把姐姐的糖果
吃掉了。

pín

貧

poor

筆順：

ノ 八 分 分 分 岔 岔

貧 貧 貧 貧

簡體：贫

同義：窮

反義：富

詞語：貧窮、貧苦、貧血

例句：我們應該幫助貧窮的人。

mǎi

買

buy

筆順：

買 買 買 買 買 買 買
買 買 買 買 買

簡體：买

同義：購

反義：賣

詞語：購買、買賣

例句：人們到商場購買聖誕禮物。

guì

貴

expensive

筆順：

、 ㄇ ㅁ 中 虫 虫 虫

虫 虫 虫 貴 貴

簡體：贵

詞語：昂貴、名貴、寶貴、
　　　珍貴、貴賓

例句：這隻手錶十分昂貴。

tiē

貼

paste

筆順：

丨 卜 丬 冃 目 貝 貝 貝 貝 貼 貼 貼 貼

簡體：贴

詞語：貼上、貼近、貼切、津貼

例句：這些電器用品都貼上能源效益標籤。

fèi

費

expense
（費用）

筆順：

一 二 弓 弔 弗 弗 弗
弗 費 曹 費 費

簡體：费

詞語：費用、花費、免費、
　　　浪費、費時

例句：這個月的費用又增加了。

mài

賣

sell

筆順：

一　十　士　吉　吉　吉　吉
吉　吉　声　青　青　膏　膏
賣

簡體：卖

反義：買

詞語：售賣、擺賣、非賣品、賣力

例句：這間店舖售賣各種衣服。

雨 部

田	雨	雨	雨	雨

字形：像下雨的樣子。（象形）

字源：雨從天上落下，遠遠看出雨點如
　　　絲。現在的寫法，上面一橫連着
　　　中間一豎「丁」，表示雨從天落
　　　下，下面左右各兩點「╳」，即是
　　　雨；再用一豎和一橫又一豎連鈎
　　　「冂」，指出天空中下雨的範圍。

yǔ

雨

rain

筆順：

雨 雨 帀 帀 帀 雨 雨 雨

簡體：雨

詞語：下雨、雷雨、雨傘、雨水

例句：天空快要下雨了。

xuě

雪

snow

筆順：

一 厂 厂 币 币 雨 雨

雨 雪 雪 雪

簡體：雪

詞語：雪花、雪糕、雪白、雪人

例句：雪花輕輕地飄下來。

líng

zero

筆順：

零 零 零 零 零 零 零
零 零 零 零 零 零

簡體：零

詞語：零分、零食、零件、
　　　零用錢

例句：小明沒有溫習，所以
　　　這次測驗只得零分。

diàn

電

electricity

筆順：

一 ㄧ ㄇ 币 币 兩 兩
兩 兩 雨 雨 雷 電

簡體：电

詞語：雷電、電器、電話、
電影、電腦

例句：天空中雷電交加，我們
要小心。

wù

霧

fog

筆順：

霧 霧 霧 雨 雨 雨 雨

雨 雾 雾 雲 雱 雱 雰

霧 霧 霧 霧 霧

簡體：雾

詞語：雲霧、煙霧

例句：天空的雲霧仍未散去。

lù

露

dew

筆順：

一 厂 广 丙 雨 雨 雨

雫 雫 雫 雫 雫 雫 雫

雫 雫 露 露 露 露 露

簡體：露

詞語：露水、露天、露台、露營

例句：早上的花兒沾滿了露水。

刀部

字形：像刀的形狀。（象形）

字源：像一把刀，勾出刀柄、刀背和刀
　　　鋒，漸將刀柄與刀背寫成連在一
　　　塊「ㄱ」的樣子，跟着的「ノ」
　　　就指出了刀鋒。偏旁寫成「刀」
　　　或「刂」。

dāo

刀

knife

筆順：

丁 刀

簡體：刀

詞語：刀子、刀片、剪刀、菜刀

例句：這把刀子十分鋒利。

fēn

分

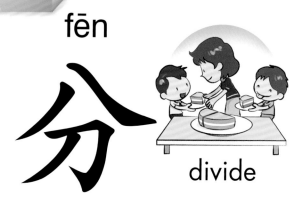

divide

筆順：

分 分 分 分

簡體：分

反義：合

詞語：分成、分開、分別、分享

例句：媽媽把蛋糕分成四塊。

huá

划

row

筆順：

一 刂 七 弋 戈 戈 划 划

簡體：划

詞語：划艇、划算

例句：哥哥參加了划艇訓練班。

shuā

brush

筆順：

刷 刷 尸 尸 吊 吊 刷

刷

簡體：刷

同義：擦

詞語：刷牙、牙刷、刷子、刷新

例句：我們要每天刷牙。

cì

刺

spine
（刺毛）

筆順：

一 ㄱ ㄇ 帀 束 束 剌 剌

刺

簡體：刺

詞語：刺傷、刺激、刺眼

例句：小心，不要被刺蝟刺傷！

qián

前

front

筆順：

前 前 前 前 前 前 前 前 前

簡體：前

反義：後

詞語：前面、前往、前輩、
　　　以前、提前

例句：烏龜在兔子的前面爬
　　　過去了。

弓 部

丂	弓	弓	弓	弓

字形：像弓的形狀。（象形）

字源：最初畫出整把弓的形狀，後來
　　　隱藏去弓弦的部分，只留下弓
　　　背，於是寫成了「弓」這個字。

弓部

gōng

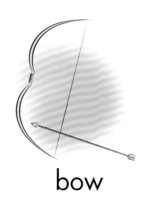

bow

筆順：

弓 弓 弓

簡體：弓

詞語：弓箭、彈弓

例句：弓箭是中國古代重要的
　　　兵器之一。

dì

弟

younger
brother

筆順：

丶　丷　弟　弟　弟　弟　弟

簡體：弟

詞語：姊弟、兄弟、弟弟

例句：她們兩姊弟感情很好。

wān

彎

bend

筆順：

彎 彎 彎 彎 彎 彎 彎 彎
彎 彎 彎 彎 彎 彎 彎 彎
彎 彎 彎 彎 彎 彎

簡體：弯

同義：曲

反義：直

詞語：彎彎曲曲、彎路、拐彎

例句：這條樓梯彎彎曲曲。

334

巾部

字形：像繫在衫身上的腰巾。（象形）

字源：古人會用一塊方巾來束頭髮、束上衣，或作手帕用。把方巾摺起繫於腰處，便成為有長有短的條狀。現在寫成的結構，首先短豎，再一橫一豎連鈎「冂」，中間是長豎「丨」。

jīn

巾

towel

筆順：

巾 冂 巾

簡體：巾

詞語：毛巾、頸巾、圍巾

例句：毛巾要經常清洗，保持
　　　衛生。

bù

布

cloth

筆順：

布 大 右 右 布

簡體：布

詞語：布匹、布丁、宣布

例句：媽媽選了最好的布匹做
衣服。

fān

帆

sail

筆順：

ノ 几 巾 帄 帆 帆

簡體：帆

詞語：風帆、帆船

例句：海上有三艘風帆在航行。

shī

師

teacher

筆順：

ノ ノ ヒ ヒ ヒ 阝 阝
阝 阝 師

簡體：师

詞語：老師、廚師、巫師、師長

例句：陳老師是我們的班主任。

339

dài

帶

belt
（皮帶）

筆順：

帶 帶 帶 帶 帶 帶 帶
帶 帶 帶 帶

簡體：带

詞語：皮帶、領帶、攜帶、
　　　帶動、帶子

例句：媽媽買了一條皮帶給爸爸。

mào

帽

hat

筆順：

ㄧ 冂 巾 帄 帄 帄 帽
帽 帽 帽 帽 帽

簡體：帽

詞語：帽子、草帽

例句：姐姐帶上帽子去旅行。

bāng

幫

help

筆順：

一 十 キ 丰 丰 丰 丰

圭 封 圭 圭 圭 圭 封

幫 幫 幫

簡體：帮

詞語：幫助、幫忙

例句：小慧最愛幫助別人。

田  部

字形：像一塊一塊的田地。（象形）

字源：農夫開闢農地，分成一幅幅農地，
田與田之間的小徑，就是阡陌（東
西向的叫阡，南北向的叫陌），
現在寫成「十」，外邊的「口」
形是指圈起的範圍。

tián

田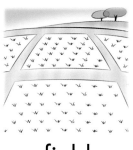

field

筆順：

田 冂 日 田 田

簡體：田

詞語：農田、田地、田園、田野

例句：這塊農田種植着水稻。

nán

男

man

筆順：

丿 𠃌 𠃌 田 田 男 男

簡體：男

詞語：男士、男生、男子漢

例句：這位男士就是我們的導遊。

huà

畫

paint

筆順：

ㄱ 二 圭 圭 圭 圭 圭
圭 圭 畫 畫 畫

簡體：画

同義：繪

詞語：圖畫、動畫、畫家、畫筆

例句：小美繪畫的圖畫很漂亮。

穴部

字形：像洞穴的形狀。（象形）

字源：在未發明房屋以前，上古人類
多住在洞穴裏。現在寫成的
「宀」為洞穴外形，裏面的洞
孔變成「八」的寫法。偏旁可
寫成「穴」。

kōng / kòng

空

empty

筆順：

空空空空空空空空

簡體：空

反義：滿

詞語：空蕩蕩、天空、太空、空白

例句：餅罐裏面空蕩蕩的，什麼也
　　　沒有。

chuān

穿

wear

筆順：

穿 穿 穿 穿 穿 穿 穿
穿 穿

簡體：穿

反義：脫

詞語：穿上、穿梭、穿插

例句：哥哥正在穿上衣服。

chuāng

窗

window

筆順：

窗 窗 窗 窗 窗 窗 窗
窗 窗 窗 窗 窗

簡體：窗

詞語：窗口、窗戶、窗簾

例句：姐姐站在窗口前。

wō

窩

nest
（鳥窩）

筆順：

丶 ㇏ 宀 宀 宀 宎 宎
宎 宎 宎 窩 窩 窩 窩

簡體：窝

詞語：鳥窩、被窩、狗窩、窩藏

例句：妹妹從被窩裏伸出頭來。

示 部

字形：形狀似上古人們崇拜的靈石。（象形）

字源：上古人們對大自然一無所知，見到形
狀古怪的石頭，也當神靈來崇拜。現
在上邊寫成「二」形，下邊則寫成
「小」形，現引申為啟示的意思。偏
旁寫成「示」或「礻」。

zǔ

祖

grandfather
（祖父）
grandmother
（祖母）

筆順：

ノ ラ オ ネ 祀 初 袓
袓 祖

簡體：祖

詞語：祖父、祖先、祖國

例句：我們去祖父家裏吃晚飯。

piào

票

ticket

筆順：

票 票 票 票 票 票 票
票 票 票 票

簡體：票

詞語：車票、郵票、門票、鈔票

例句：這是一張成人車票。

shì

視

television
（電視）

筆順：

視 ㇒ 衤 衤 礻 礻 礻 祁
祁 祁 視 視

簡體：视

同義：看、見

詞語：電視、視線、近視

例句：弟弟坐在沙發上看電視。

lǐ

禮

polite

筆順：

禮 礻 礻 礻 礻 礻 礻 礻
礻 礻 礻 礻 礻 礻 禮
禮 禮 禮

簡體：礼

詞語：禮貌、禮物、禮讓

例句：同學們禮貌地向老師請安。

玉部

王	王	王	玉	玉

字形：像用繩貫串的三塊玉。（象形）

字源：玉色有翠綠的，有透白的，古人愛用繩子穿起一串玉來作飾物。現在寫成用三橫，「三」代表玉塊，一豎「｜」代表繩子，加上「、」有別於「王」字的寫法。偏旁寫成「王」或「王」。

yù

玉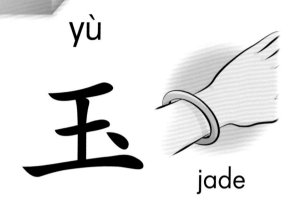

jade

筆順：

玉 三 干 王 玉

簡體：玉

詞語：玉鐲、玉石、玉器、美玉

例句：姐姐手上戴了一隻玉鐲。

wán

玩

play

筆順：

一 二 干 手 玩 玩 玩
玩

簡體：玩

詞語：玩耍、玩具、玩偶、遊玩

例句：弟弟在遊樂場玩耍。

qiú

球

ball

筆順：

球 球 球 球 环 玏 玏
玏 球 球 球

簡體：球

詞語：皮球、氣球、球賽、球場

例句：弟弟最愛和爸爸踢皮球。

qín

琴

piano
（鋼琴）

筆順：

一 二 干 王 王 王 珏

珏 珏 珡 琴 琴

簡體：琴

詞語：鋼琴、小提琴、琴鍵

例句：姐姐參加了鋼琴比賽。

舟 部

夕	夕	月	舟	舟

字形：即是船，像船的形狀。（象形）

字源：畫出一艘船後，會看見船頭、
船尾和船艙。現在寫成「内」，
是船的主要形體，中間的「一」
是船槳。

zhōu

舟

boat

筆順：

舟 丿 刀 月 月 舟

簡體：舟

詞語：龍舟、舟車

例句：健兒們起勁地划龍舟。

chuán

船

ship

筆順：

船 舟 舟 舟 舟 舟 船
船 船 船 船

簡體：船

詞語：輪船、漁船、船員、船隻

例句：一艘輪船停泊在碼頭。

衣部

字形：像上衣的形狀。（象形）

字源：穿在上身的衣，領、袖、腰處用巾
束起。現在把領和肩寫成一點一
橫「亠」，底下的衫袖和衫身部分，
演變成一撇一豎連鉤「亻」，跟着
再一啄一捺「ㄣ」。偏旁寫成「衣」
或「衤」。

yī

衣

clothes

筆順：

衣 衣 衣 衣 衣 衣

簡體：衣

詞語：衣服、毛衣、睡衣

例句：這件衣服的質料十分舒適。

bèi

被

blanket
（被子）

筆順：

被 ⺼ ⺼ ⻂ ⻂ ⻂ 衤

衤 衤 被

簡體：被

詞語：被子、棉被

例句：我最喜歡藍色的被子。

dài

bag

筆順：

ノ 亻 亻 代 代 伐 伐
袋 袋 袋 袋

簡體：袋

詞語：袋子、口袋、袋鼠

例句：媽媽的袋子是粉紅色的。

lǐ

裏

inside

筆順：

丶 亠 亠 亠 亩 亩 亩
亩 重 裏 裏 裏 裏

簡體：里

同義：內

反義：外

詞語：裏面、裏頭、心裏、這裏

例句：狗屋裏面有一隻小狗。

kù

褲

pants

筆順：

褲 ㇇褲 衤褲 衤褲 衤褲 衤褲 衤褲
衤褲 衤褲 衤褲 衤褲 衤褲 衤褲 褳
褲

簡體：裤

詞語：褲子、短褲、運動褲

例句：爸爸買了一條新褲子。

wà

襪

socks

筆順：

丶 ㇗ 亍 礻 礻 礻 礻
礻 衤 衤 衵 襪 襪 襪
襪 襪 襪 襪 襪 襪

簡體：袜

詞語：長襪、襪子

例句：學校規定學生要穿長襪。

糸部

象	象	象	糸	糸

象形：像幼絲的形狀。（象形）

字源：蠶絲經過絞纏，還是細縷如
　　　絲。初時，畫出幼絲纏結時的
　　　構造，後來寫成「幺」，下邊
　　　寫成「小」。偏旁寫成「糸」
　　　或「糸」。

hóng

紅

red

筆順：

ㄥ 幺 幺 幺 幺 糸 糸 紅
紅 紅

簡體：红

詞語：紅色、紅豆、紅葉、
紅封包

例句：弟弟把紅色的顏料弄到
桌子上了。

zhǐ

紙

paper

筆順：

紙 紙 紙 紙 紙 紙 紙
紙 紙 紙

簡體：纸

詞語：白紙、報紙、紙張、紙幣

例句：桌上有一張白紙。

xì

細

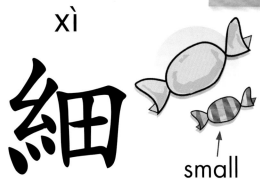

small

筆順：

ㄥ ㄠ ㄠ ㄠ 幺 幺 糸 糹

紉 紉 細 細

簡體：细

同義：小、微

反義：大、巨

詞語：細小、細節、細菌、詳細

例句：妹妹選擇了一粒較細小的
糖果。

gěi

給

give

筆順：

給 給 給 給 給 給 給
給 給 給 給 給

簡體：给

詞語：交給、給予

例句：班長把功課交給老師。

lǜ

綠

green

筆順：

綠 綠 綠 綠 綠 綠 紒

綠 綠 紓 綟 綠 綠 綠

簡體：绿

詞語：碧綠、綠燈、綠化、
綠油油

例句：這棵大樹的葉子是碧綠
色的。

xiàn

線

line

筆順：

線 線 線 線 線 線 線
線 線 線 線 線 線 線
線

簡體：线

詞語：針線、曲線、路線、
　　　無線、電線、線條

例句：我們做衣服時要用針線。

378

shéng

繩

rope

筆順：

ㄑ 糹 糹 糹 糹 糹 糹
紀 紀 紀 紀 紃 紃 紃
絕 絕 繩 繩 繩

簡體：绳

詞語：繩子、繩梯、跳繩

例句：繩子可以用來綁包裹。

huì

繪

draw

筆順：

簡體：绘

同義：畫

詞語：繪畫、繪圖、描繪

例句：妹妹在書桌上繪畫。

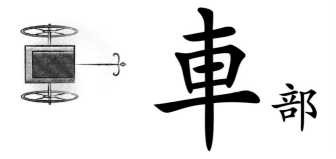

車部

字形：像車子的形狀。（象形）

字源：車子主要靠輪軸轉動而行，古
代的車子用人手來推或用動物
來拉。現在把車輪簡化成一個，
寫成「曰」形，中間「｜」是
車軸，上下兩橫是車轅等部分。

chē

車

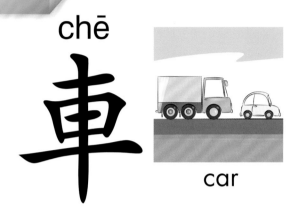

car

筆順：

一 ㄇ 一 一 一 一 車

簡體：车

詞語：車輛、車廂、車站、
車禍、過山車

例句：馬路上有不同類型的車輛。

jūn

軍

army

筆順：

ㄧ 冖 冖 冖 冃 冒 冒 宣 軍

簡體：军

詞語：軍隊、軍人、冠軍

例句：軍隊出發上戰場。

ruǎn

soft

筆順：

軟 軟 飮 亓 亘 車 車

軎 軌 軟 軟

簡體：软

反義：硬

詞語：柔軟、軟弱、軟化

例句：這個枕頭十分柔軟。

qīng

輕

light

筆順：

一 ⊤ 下 戶 戶 百 亘 車
車 車 輕 輕 輕 輕 輕

簡體：轻

反義：重

詞語：輕飄飄、輕易、輕鬆、
年輕

例句：一片羽毛輕飄飄地落下來。

lún

輪

wheel

筆順：

輪 輪 輪 輪 輪 輪 車
車 輪 輪 輪 輪 輪 輪
輪

簡體：轮

詞語：輪胎、輪流、輪椅、
　　　車輪、郵輪

例句：輪胎都是圓形的。

zhuǎn

轉

turn

筆順：

一 轉 ㄇ 轉 ㄉ 轉 ㄌ 轉 宙 轉 車

車 軒 軒 軒 軒 轉 轉

轉 轉 轉 轉

簡體：转

詞語：轉動、轉變、轉彎、
　　　轉捩點

例句：摩天輪正在轉動。

門部

字形：像兩扇門的形狀。（象形）

字源：房屋有門開關，用來出入。人們為了安全起見，所以把門關好，再下門栓上鎖。現在把一扇門寫成「戶」，另一邊就寫成「𣲖」。

mén

門

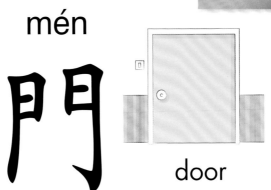

door

筆順：

丨 冂 冂 冃 冃 門 門 門

簡體：门

詞語：大門、門口、門戶、
門牙、門診、熱門

例句：這扇大門緊緊地閉着。

shǎn

閃

flash

筆順：

閃 閃 閃 閃 閃 門 門
門 門 閃

簡體：闪

詞語：閃電、閃耀、閃光

例句：昨晚你看到閃電了嗎？

kāi

開

open

筆順：

丨 冂 冃 冃 冃 冃 冃
冃 冃 冃 開 開

簡體：开

反義：關

詞語：打開、離開、開心、
　　　開始、開學

例句：叔叔打開了大門。

guān

關

close

筆順：

丨 冂 冂 冂 門 門 門

門 閂 閂 閂 閗 關 關

關 關 關 關 關

簡體：关

同義：閉

反義：開

詞語：關上、關心、關係、關於

例句：叔叔正在把大門關上。

食 部

字形：像一碗飯食。（會意）

字源：米飯是中國南方的主要食糧，
吃時用碗來盛。上邊「亼」指
的是碗蓋，碗連飯的部分就演
變成「皀」的寫法。偏旁寫成
「食」或「飠」。

shí

食

eat

筆順：

人 食 食 食 食 食 食 食 食

簡體：食

同義：吃

詞語：食物、食指、偏食、零食

例句：我們要注意食物的均衡
營養。

fàn

飯

rice

筆順：

丿 亻 𠂢 𠂤 𠂤 𠂤 飠
飠 飠 飯 飯 飯

簡體：饭

詞語：吃飯、做飯、飯店、飯菜

例句：小俊吃飯不挑食，所以
　　　身體很健康。

yǐn

飲

drink

筆順：

ノ 亻 亇 亇 今 今 自

自 自 飲 飲 飲

簡體：饮

同義：喝

詞語：飲水、飲食、飲料

例句：動物在河邊飲水。

bǎo

飽

full

筆順：

飽 飽 飽 飽 飽 飽 飽
飽 飽 飽 飽 飽 飽

簡體：饱

反義：餓

詞語：飽餐、飽滿

例句：我飽餐一頓，十分滿足。

bǐng

餅

biscuit

筆順：

ノ ⺈ ⺈ ⻈ ⻈ ⺁ 𠆢 𠆢

𠆢 𠆢 𠆢 𠆢 𠆢 餅 餅

簡體：饼

詞語：餅乾、月餅、西餅

例句：我帶了餅乾作零食。

cān

餐

meal

筆順：

丶 卜 ⼘ 少 歺 歺 夗

夗 奴 奴 奴 奴 餐 餐

餐 餐

簡體：餐

詞語：用餐、套餐、餐廳、餐巾

例句：今天中午我們在餐廳裏
用餐。

一部

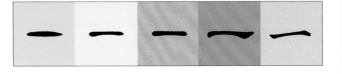

字形：表示一的數目。（指事）

字源：古時畫出一橫，表示數目是
一。繼續加多一，便是二；再
加上去是三；到四時，為了容
易識別，便另外造字表示。

yī

one

筆順：

一

簡體：一

詞語：一個、一天、一半、
一些、一定、一面

例句：這是一個蘋果。

qī

七

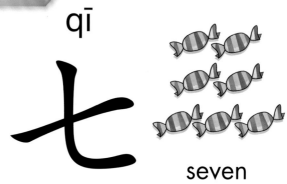

seven

筆順：

一 七

簡體：七

詞語：七粒、七彩、七巧板

例句：這裏有七粒糖果。

shàng

上

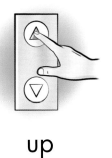

up

筆順：

丨 卜 上

簡體：上

反義：下、落

詞語：上面、上班、上課、
　　　加上、馬上

例句：哥哥用手指向上面。

xià

下

down

筆順：

下 下 下

簡體：下

反義：上

詞語：下面、下層、下降、
　　　地下、留下

例句：姐姐的手指向下面的按鈕。

bù

不

no

筆順：

一 ア 不 不

簡體：不

詞語：不准、不久、不但、
　　　不用、對不起

例句：弟弟舉起手說：「不准
　　　進去！」

力部

字形：像用手從下向上提取物件的樣子。（會意）

字源：從下方提取物件，強調了手臂用力的操作，畫起來便誇張了手臂部分。現在把手臂寫成「丿」，手便寫成「コ」。

jiā

加

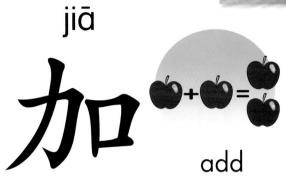

add

筆順：

ㄱ 力 加 加 加

簡體：加

同義：增

反義：減

詞語：加法、增加、參加、
　　　加油、加速、加強

例句：加法是小學數學科的學習
　　　內容。

yǒng

brave

筆順：

勇 勇 勇 甬 甬 甬 甬
勇 勇

簡體：勇

反義：怯

詞語：勇士、勇敢、勇氣、英勇

例句：他是一個勇士。

shèng

勝

win

筆順：

刀 勝 刀 勝 刀 勝 月 勝 月 勝 月 勝 肝

肝 胖 胖 朕 勝 勝 勝

簡體：胜

反義：敗

詞語：勝利、名勝、獲勝

例句：小志在長跑比賽中取得了
　　　勝利。

力部

qín

勤

diligent

筆順：

一  勤 勤 勤 勤 艻 苩 苩

苩 苜 萆 董 勤 勤

簡體：勤

反義：懶

詞語：勤奮、勤勞、辛勤

例句：志偉勤奮學習，是我們的
好榜樣。

410

大部

字形：像人張開兩手兩腳，顯示很大的樣子。（象形）

字源：現在寫成是「人」上加上「一」，表示張開兩手。（「大」是古「人」字，今「人」字代替古「大」字的原意。）

dà

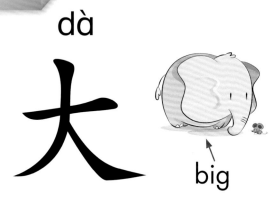

big

筆順：

一 ナ 大

簡體：大

同義：巨

反義：細、小

詞語：巨大、長大、大家、
大廈、大自然

例句：大象身形巨大，鼻子
長長的，很可愛。

tiān

天

sky

筆順：

天 一 于 天

簡體：天

詞語：天氣、天色、天然、
　　　天橋、春天

例句：今天天氣晴朗。

小 部

| 小 | 小 | 小 | 小 | 小 |

字形：像小小的米粒形狀。（會意）

字源：最初畫出小小的三點，中間一
　　　點現在變長成「亅」，旁邊的
　　　兩點就顯得比較小「八」。

xiǎo

小

small

筆順：

丨 小 小

簡體：小

同義：細

反義：大

詞語：細小、小心、小姐、
　　　小偷、小販

例句：昆蟲的體積一般都十分
　　　細小。

shào

youth

筆順：

ㄅ ㄐ 小 少

簡體：少

反義：老

詞語：少年、少壯、少不更事

例句：少年應該多做運動，身體
才會長高。

jiān

尖

sharp

筆順：

丿 丷 小 尐 尖 尖

簡體：尖

反義：鈍

詞語：尖銳、尖端、尖利

例句：這個箭頭很尖銳。

立部

字形：像人站立的形態。（會意）

字源：畫出人張開手腳，站立得很端正的樣子。現在把上身寫成「亠」，下身寫成「丷」，底下「一」是地面。偏旁寫成「立」或「⻖」。

zhàn

站

stand

筆順：

站 站 站 立 立 立 站

站 站 站

簡體：站

同義：企、立

反義：坐

詞語：站立、站住、車站、網站

例句：同學們端正地站立着聽老
師講話。

tóng

童

child

筆順：

童 童 童 童 童 立 立

立 立 音 童 童

簡體：童

詞語：兒童、童話、童謠

例句：我們要愛護兒童。

行 部

ㅠ　ㅠㅠ　ㅠ　行　行

字形：像可行的十字路。（會意）

字源：整齊的十字大路，可讓人或車子
　　　行走，引申為行走的意思。現在
　　　寫成左邊「彳」（音戚，單字用是
　　　左步），右邊「亍」（音促，單字
　　　用是右步），兩字合起來成「行」
　　　字，兩字合用成「彳亍」一詞，就
　　　表示邊走邊停。

xíng

行

walk

筆順：

行 行 行 行 行 行

簡體：行

詞語：步行、流行、行為

例句：我們參加了步行籌款活動。

jiē

街

street

筆順：

ノ ク 彳 彳 彳 彳 往

往 往 街 街 街

簡體：街

詞語：街道、街坊、大街

例句：街道兩旁種滿了樹木。

中文字典

言 部

字形：表示從口中發出言語。（會意）

字源：人說話時，口舌同時活動，所發出的聲音會組成一連串有意思的音符，這便是言語，所以古人會畫出口部和舌頭伸展的動作。現在保留「口」字在下面，上面「≧」表示口舌配合所發出的言語。

shuō

說

say

筆順：

說 說 說 說 說 說 言
言 說 說 說 說 說 說

簡體：说

同義：講

詞語：說話、說謊、聽說

例句：爸爸說話的聲音很動聽。

rèn

認

know
（認識）

筆順：

認 認 認 認 認 認 認
訒 訒 訒 認 認 認 認

簡體：认

詞語：認識、認為、認真、承認

例句：我介紹妹妹給朋友認識。

qǐng

請

please

筆順：

丶 亠 亠 言 言 言 言
言 言 計 計 詰 請 請
請

簡體：请

詞語：邀請、請求、申請

例句：小明邀請小志和他們一起
玩遊戲。

xiè

謝

thank

筆順：

謝 謝 謝 謝 謝 謝 言
謝 討 訂 訂 訶 謝 謝
謝 謝 謝

簡體：谢

詞語：感謝、多謝、謝謝

例句：同學們非常感謝老師的
諄諄教導。

dú

讀

read

筆順：

丶 一 言 言 言 言 言
言 言 言 言 言 言 讀
讀 讀 讀 讀 讀 讀 讀
讀

簡體：读

詞語：閱讀、讀音、朗讀

例句：他們在圖書館裏認真地
閱讀。

429

幼兒 365 中文字典

責任編輯：朱維達　潘宏飛

插　　圖：立雄

美術設計：李成宇

出　　版：新雅文化事業有限公司

　　　　　香港英皇道499號北角工業大廈18樓

　　　　　電話：　(852) 2138 7998

　　　　　傳真：　(852) 2597 4003

　　　　　網址：http://www.sunya.com.hk

　　　　　電郵：marketing@sunya.com.hk

發　　行：香港聯合書刊物流有限公司

　　　　　香港荃灣德士古道220-248號荃灣工業中心16樓

　　　　　電話：　(852) 2150 2100

　　　　　傳真：　(852) 2407 3062

　　　　　電郵：info@suplogistics.com.hk

印　　刷：中華商務彩色印刷有限公司

　　　　　香港新界大埔汀麗路36號

版　　次：二〇一四年十二月修訂版

　　　　　二〇二四年六月第九次印刷

ISBN: 978-962-08-6042-3

© 2014 Sun Ya Publications (HK) Ltd.

18/F, North Point Industrial Building, 499 King's Road, Hong Kong.

Published in Hong Kong SAR, China

Printed in China